智元微库
OPEN MIND

成 长 也 是 一 种 美 好

U0131925

〔日〕松浦弥太郎 著

孙浩洋 译

你啊，

内心戏超多

松浦弥太郎の「いつも」
安心をつくる55の習慣

停止精神内耗的
65个习惯

人民邮电出版社

北京

图书在版编目（CIP）数据

你啊，内心戏超多：停止精神内耗的65个习惯 / （日）松浦弥太郎著；孙浩洋译. -- 北京 ：人民邮电出版社，2024.1（2024.5 重印）
ISBN 978-7-115-63216-6

Ⅰ. ①你… Ⅱ. ①松… ②孙… Ⅲ. ①心理学—通俗读物 Ⅳ. ①B84-49

中国国家版本馆CIP数据核字(2023)第218982号

版 权 声 明

◆ 著 ［日］松浦弥太郎
译 孙浩洋
责任编辑 林飞翔
责任印制 周昇亮

◆人民邮电出版社出版发行　　　　　北京市丰台区成寿寺路 11 号
邮编 100164 电子邮件 315@ptpress.com.cn
网址 https://www.ptpress.com.cn
河北京平诚乾印刷有限公司印刷

◆开本：880×1230　1/32
印张：7.125　　　　　　　　　　2024 年 1 月第 1 版
字数：160 千字　　　　　　　　2024 年 5 月河北第 7 次印刷

著作权合同登记号　图字：01-2023-5113 号

定　价：59.80 元
读者服务热线：（010）67630125　印装质量热线：（010）81055316
反盗版热线：（010）81055315
广告经营许可证：京东市监广登字20170147号

前言

幸福是什么？

女士们、先生们，你们怎么看？

幸福是很难用语言说清楚的。

毫无疑问，我想要更快乐。但这更像长久以来被灌输的观念。快乐似乎是幸福的代名词。但，真的是这样的吗？比起幸福，我们渴望的东西还有很多，如果是和这些东西相比，幸福对我们来说也变得不是最重要的了。

那么，我们所寻求的幸福的代名词是什么呢？我们心里真正想要的是什么？什么会让自己快乐？什么样的日子会让自己平静下来？

我们想要的可能只是生活得更轻松，可能只是让生活保持在某个平衡点上，可能只是活得平和而舒心，也可能只是想要安稳的生活。

我想在这里再次强调：

我们用生命追求的东西从来不是成功或赢得比赛，不是为了取得成果或得到别人的认可。

现在，是时候走出这个无尽的循环了。如果无法走出来，就算是我们能够得到的东西也会与我们失之交臂。

你每天都感到沉重吗？你是否总在消耗自己？

你是否想着，如果自己不再有这样的感觉，如果自己可以对一切感到安心，那该有多好。是啊，我们需要的是安心，而不是幸福。

无论在哪一个年代，安心的状态都源于我们的内心，而不依赖于他人或社会。问题是，我们应该怎样做才能达到安心的状态呢？我正是怀抱着这样的疑问来撰写这本书的。安心的状态是能发现每天的快乐，不精神内耗，对任何事情都心存感激；晚上能安心睡觉，不胡思乱想，第二天也能怀抱平常心。我认为，支撑这种安心状态的是那些微不足道的、不会消耗自己的习惯。安心的状态取决于我们是如何生活的。也就是说，我们重视了哪些我们坚信和习惯了的事情；为了能在生活中找到快乐，我们又养成了哪些不让我们精神内耗的习惯。在这本书中，我希望与你分享和共同探讨这个问题。

你一定要拥有不消耗自己的习惯。这也许是判断是非的标准、解决问题的习惯，也可能是理念或信仰。请在珍视自己这些"始终如一"的习惯的同时，与我在这本书中所写的能让自己不内耗的习惯相对照。"他山之石可以攻玉"，对吧？我希望你可以完善自己的"始终如一"的习惯，并以此来帮助未来的自己。这些不内耗的习惯正是你的力量来源、你的生活方式与立身之本。请不要追求"幸福"这个词，请让自己能够通过不内耗而轻松愉快，让自己每一天都能保持内心的平和与安稳。

松浦弥太郎

译者序

很少有人能拍着胸脯说自己事事如意。我无法做到，我想你也一样。

你是不是有时会感到不安、焦虑、急躁？你是不是觉得自己的生活远远没有达到自己想要的样子？你是不是觉得自己其实可以做得更好，或者说你觉得自己差劲极了，这也不行，那也不行？你是正在为学业和论文发愁的学生，还是刚进入社会的年轻人，或者是已经摸爬滚打了很久却仍然过得不如意的中年人？你是不是在为自己的经验不足而懊恼，或者正在为青春不再，年华转瞬即逝而感到焦虑？小心了，你在消耗自己！

正所谓"岁月催人老，征途泪满襟"，我们每天都在这样的思绪中挣扎。我们会做出各种努力来改变我们的境况，但最后总是收效甚微。也许我们还没有找到正确的答案，或许我们的人生注定充满波折与坎坷。

也许，我们所欠缺的只是一个安宁的心态。你是不是也想过，"如果我那个时候能够保持安宁的心态，一步一步地去做，说不定就……"，但是在生活的波涛汹涌中保持安宁的心态谈何容易，我们总是在困难来临时手忙脚乱、寝食难安。往往在解决困难后，我们才幡然醒悟："啊，当时如果这样做就好了！"

真希望能有一位交心的长者，愿意和我们敞开心扉地聊一聊，他在我们所处人生阶段中，是怎样度过这些磨难和痛苦的；能和我们说一说，他是如何解决我们正在为之苦恼的问题的，他的经验和教训是什么？虽然他的方法对我们不一定奏效，但是我们说不定能从中获得一些启发。至少我们也能从他和我们类似的挣扎经历中，产生一些共鸣，获得一些宽慰。

松浦弥太郎先生就是这样一位长者。他一开始在企业中工作，后来经营书店，再后来又为生活杂志供稿。他现在是人们眼中"成功了的"畅销书作家。他在人生的每一个阶段都遭遇了诸多不顺。他也曾挣扎、痛苦，为社会中的人际关系，为企业的工作，为书店的生意，为杂志的赶稿……但他最终收获了"幸福"。

他是如何从人生的苦难中一步一步爬出来的？他是如何在苦难中保持一颗平和、安稳的"平常心"的？他有哪些让自己充满能量的小习惯？他对我们有什么样的建议呢？这些问题的答案终于要在这本书中揭晓了！

孙浩洋

目 录

第 0 章 _____ 不内耗的 10 个基本习惯

第 1 章 _____ 不紧绷的 5 个幸福的习惯

目　录

第 5 章 _____ 不刻意的 5 个生活习惯

第 6 章 _____ 不简单的 5 个健康生活习惯

目　录

你啊，内心戏超多：停止精神内耗的 65 个习惯

第 10 章 ＿＿＿＿＿＿＿ 不会老去的 5 个成长习惯

第 11 章 ＿＿＿＿＿＿ 不断挑战的 5 个内心强大的习惯

第 0 章

不内耗的 10 个

基本习惯

第 0 问：
弥太郎先生，我的生活不合心意，我在生活中处处碰壁。我应该怎么办呢？

不要担心。

我们要从思维习惯开始改变。我们还要从生活中的一点一滴着手，一点一点积累变化。

最终，你的生活肯定会发生大变化的。

在这一章里，我要谈论的是我始终坚持的习惯。我将这 10 个习惯视为珍贵的护身法宝。这些习惯中的每一个，你都能轻而易举地做到，但要真正做到，就需要日积月累地努力和改变。

当你感到不安或困扰时，这大概率是因为你的内心戏太多了，胡思乱想了。那么，请你停止消耗自己，审视这些最基础的习惯，说不定你会从中找到柳暗花明的转机。你的不消耗自己的习惯也将成为你最可靠的护身法宝，你从中获得的安心将传递给你周围的人。这是非常了不起的事情。

乐在其中：
对任何事情都保持热忱

请把任何事情都当成乐趣去享受。"乐在其中"是最有效的消除焦虑的方法。

首先需要理解的是，乐趣并不是别人能够给予的，也不是能够从他人那里寻求到的。

我们时常会觉得有些事情真是"无聊""麻烦""没意义""不相关"。这样的想法我能理解，毕竟，日常生活中充斥着这样的事情。但是，如果总是逃避或随便应付这些事情，我们的生活就会变得非常单调、无聊，没有生机。

"外出旅游很有趣""和朋友一起游玩很开心""买到想要的东西很高兴"，这些都是稍纵即逝的快乐。这样的快乐偶尔享受是好的，但是我认为，最好不要给快乐附加条件，**因为快乐并不是从别人或别的东西中借来的，而是需要自己创造的。**

把任何事情都当成乐趣去享受，这也意味着即使在看似毫无乐趣的时候也要能够享受，这绝不容易。正因如此，请积极改变自己待人接物的方式和看待事情的态度与角度。"塞翁失马，焉知非福"，总之，请试着把发生的一切都视为自己的"幸运"，这样就会更容易找到乐趣。

如果你能把发生的事情都当作自己的"幸运"，认为这是自己一生难遇的经历和学习机会，你就能像电视剧中的主角一样勇敢地面对一切。即使发生了让你羞愧难当的事情，如果抱着"真走运，我的人生中还能出现这么有趣的事情"的想法，那么一切都将变成你享受人生的调味剂。

请不要为享受乐趣设定任何条件。请试着享受自己身边的一切。

享受得越多，乐趣就积聚得越多。量变一定会引起质变，你也一定能得到邂逅、发现和信任之类的超越快乐的回报。

心存感激：
相信感恩的力量

我们可以立身于世，可以取得成就，都是多亏了周围的人。这些人包括养育我们的父母、与我们相处融洽的朋友和信赖我们的同事。即使是素未谋面的陌生人，也和我们有着千丝万缕的联系。我们应当感激周围的人一直以来给予我们的支持和帮助，而对这些支持和帮助最大的回报，就是让自己生活得健康而充实。坚持健康的饮食和生活习惯，面带笑容去享受每一天，让自己的工作能够帮助到别人，即使遇到悲伤、绝望甚至残酷的背叛，我们仍要保持感恩之心。在人生中，那些伤害你、否定你的事情时常会发生，但是，如果你将其看作学习和磨砺的机会，就能感激并接受这些事情，并将它们转化为使自己进步的养分。

我们年轻的时候，每当遇到什么不好的事情，总是会轻易地

你啊、内心戏超多：停止精神内耗的 65 个习惯

动摇和感到沮丧。我们时常对很多事情抱有不满，心思渐渐被这些情绪占据，变得没有空闲去留意周围，变得无法从失落中走出来。

如果一个人一直深陷在不满中，他的心灵会逐渐变得脆弱。与其这样，不如将令自己不满的事情忘记，告诉自己"往者不可谏，来者犹可追"，并为了未来而努力。然而，这些事情怎么可能被我们如此轻易地忘记？当我在烦恼和痛苦中挣扎时，我曾经想："这样的经历一定能对我今后的人生有所裨益，所以要感激它。"然后，我沉重的心情突然变得轻松起来。仅仅是抱有这样的想法，我就向前迈进了一步，事情也随之开始慢慢地转变。从那时起，我开始感恩在困难和痛苦中度过的时光。

"这个经历一定会有用处"，当我这样想时，不安和恐惧就消失了，愤怒也会很快消退。即使我犯了很严重的错误，只要心想"这也是一种经历"，承认并直面自己的错误也会变得容易。

只要有感恩的心，即使在一筹莫展的绝境中，你也可以维持平和的心态，保持克服困难的信念与勇气，最终看到解决问题的曙光。所以，请对身边的一切都心存感激吧。**不要再闷闷不乐地空耗精力，只要能够心存感激，你会自然而然地向前迈进**。哪怕是最糟糕的事情，最终也会迎来转机。让我们无论喜悦还是悲伤，都时刻心存感激。

整装待发：
维护好自己的健康

保持自己的身心健康可以说是一个人最重要的任务。一个人只有身体和心理都健康，他才可以心情愉悦地工作和活动，充分地发挥自己的潜能，他的生活才会变得更好。对保持健康来说，饮食、睡眠和运动都很重要。吃什么、吃多少才合适？怎样才能精神饱满地醒来和安然入睡？什么样的运动能让身体更舒适？即使年龄、身高和体重都相同，每个人所需的睡眠时间和最适合的饮食也是不同的。如何调整自己的状态只有自己最清楚。因此，我们应该尝试各种方法，找到并维持住最适合自己的节奏。

你是不是经常感到疲倦、不舒服，睡不好觉？这些小小的不适表明你的身心状态没有得到充分调整。当我们感到烦躁、沮丧、失去动力时，怎样才能调整好身心状态呢？你会慢慢泡个澡，还是活动身体，或者是通过写作来调节情绪？因为没有人会替我们保养身体和调节情绪，所以我们需要学会自己保养和调节。轻量运动和散步、早睡早起，以及规律的作息和饮食是我的保养方法。虽然现在有的应用程序可以帮助我们管理体重和睡眠，但保养的责任者是我们自己。我们应该在不适出现之前防患于未然，认真养成调理身心健康的习惯。**我们每个人的第一要务都是管理好自己的健康。**

眼见为真：
亲自确认获取的信息

　　请用自己的五感来确认事物。别人看到、听到、想到、感受到的并不是你自己看到、听到、想到、感受到的。现在这个界限正在变得越发模糊。我们的失败往往是因为没有亲自确认状况，只是依据道听途说的消息就采取了行动。比如网购时，你经常会买到和自己想象中不一样的东西。但是如果你通过亲自看和摸来确认，这种情况就不会出现。也许你会觉得这些都不过是一些细枝末节的小事，但正是这些小事浪费着我们的金钱和时间。比起通过他人获取的二手信息，自己亲眼所见的、有把握的一手信息更为重要。也许你会觉得这样很麻烦，但**正是这样对第一手信息的获取带给了我们宝贵的经验和重要的发现**。随着技术的进步，我们不需要到实地就能够获取很多信息，但这样的便利也有很多不好的方面。其中一方面就是我们正在主动放弃亲自获取信息的经验和机会。

　　获取信息时，请时常问问自己："我自己确认过了吗？"

不要着急：
保持游刃有余的节奏

我们的时代似乎已经没有等待的概念了。所有的事情都在追求更快的速度和更高的效率。事情需要等待或延缓的情况也越来越少见。在这个社会上，似乎速度就是价值。在短短半个世纪里，从东京驶向大阪的新干线列车用时从四小时缩短到了两个半小时；无现金支付飞速处理着日常的每一笔交易；而一个网站的加载速度过慢也被视为致命缺陷。

在日常生活和工作中，有些事情需要我们保持游刃有余的节奏来完成。保证工作质量就是其中之一，如果我们匆忙地工作，就会导致工作质量下降，我们也会因此失去信誉；如果我们匆忙地做出决策，就很可能会犯错误。

将时间计划排得满满当当往往并不是完成任务的最好选择。**制订计划并不是为了让我们感到紧张，而是让我们能够了解完成**

任务所需要的时间，从而以让自己舒服的节奏完成工作。我们不是机器，也不需要让自己变得像机器一样。

请慢慢地生活，不要匆忙。快并不总是好的，"欲速则不达""慢工出细活"，是否能意识到这一点，将决定你我的未来如何。

明确目标：
知道自己想要什么

成年人会一遍又一遍地问孩子"你长大后想做什么""想成为什么样的人""想得到什么""想实现什么"。孩子每天都要回答这样的问题："想成为医生""想成为公司的总裁""想住在大房子里""想成为名人"。这些就是所谓的"梦想"。"你长大后想做什么"之类的问题其实是很残酷的，因为这样的问题中暗含着"做什么是正确，而做什么是错误的"这种思想。孩子在反复被问到"你长大后想做什么"之后，会误认为如果做不到回答中的事情就不会得到别人的承认。然而，要做到这些事情又何其困难。一个人往往需要非凡的能力加上十足的运气才能成功。很遗憾，大多数人其实并不具备这些。

当你试图成为某个人时，你可能会被"我应该能做得更好"的信念所束缚。你可能会继续寻找所谓"究竟什么才更适合我"

的答案。诚然，有些人最终能够实现他们的梦想。**但是"成为某个人"并不是人生的终点。在成为这种人后，人生还会继续下去**。因此，我觉得与其思考"想成为谁"，更应该思考"我应该做一个什么样的人"。你为了什么而活？你的人生目标又是什么？为了这些目标，你应该学习什么，了解什么，又应该经历什么？想清楚并做到位，人生才会更加丰富。我对自己的要求一直是"做一个值得被他人信赖的人"。目标可以很简单，比如"帮助有需要的人""要一直保持微笑""要快快乐乐地生活"等。

这个目标将成为你人生旅程中的路标。即使旅程发生了变化也没有关系。在迷失了生活方向时，你可以回到这个路标，比如"帮助有需要的人"这一目标也许让你走上了医生的道路，但这只是结果。我从来没有被头衔或职业所束缚，因为我一直在追求人生的目标，而不只是想从事某个职业。无论做什么工作或处于什么状态，我的目标都不会改变。这也是我对社会的小倔强。我希望"即使不成为什么人物，也要活得幸福"。因为我没有想要成为某个人物，所以我得到了自由。从此以后，我也将继续思考要做一个什么样的人。

直面欲望：
学会控制自己的欲望

如何面对自己的欲望是人类永恒的主题。人如果输给欲望，就会迷失方向、犯错误、失败。电视上时常有新闻讲述看似正常的人却犯下令人难以置信的罪行。我们只有认识到任何人都可能败给自己的欲望，才能知道如何面对欲望，进而掌控它。正如我们越是口渴，见到一杯饮料时就越想将它一饮而尽。一饮而尽确实很爽，但是这样的话饮料只是瞬间通过喉咙，我们马上就会想要再来一杯。与之相比，一口一口地慢慢喝才更有益于身体健康，也更能缓解口渴。**我们发泄式地满足欲望常常只是扬汤止沸，对我们是没有什么好处的。我们应当学会控制自己的欲望。**

当我们控制住一饮而尽的欲望并慢慢地喝饮料时，一杯饮料就可以满足我们干渴的喉咙。当你就要被自己的欲望控制时，请想起这个喝饮料的小故事，这会让你保留住一些清醒，看到自己正在滑向一个怎样的深渊。能让人生功亏一篑的，有时就是我们败给欲望、失去控制的一瞬间。

保持新鲜感：
怀抱谦虚和开放的心态

请以"第一次"的心态迎接每一天。对"第一次"接触的新鲜事物，我们难免会感到紧张，但正是这个紧张感能让我们以谦虚的心态面对每一天，并学到更多的东西。即使是一些我们已经掌握的知识，只要抱着"第一次"的新鲜感去面对它，就可能从中发现之前被忽略的基本点。我们应该思考如何让自己每天都保持新鲜感。随着我们年龄的增长，始终保持新鲜感会变得越来越困难。年龄的增长会使我们觉得自己已经掌握了比其他人更多的知识，比别人更有经验、更正确。但实际上，在很多事情上，年轻人比老年人了解得更多，也更有经验。例如在智能手机的使用上，以及海外艺术潮流等方面，老年人反而需要虚心地向年轻人请教。

我有一位 91 岁的忘年交，他知道和见识过的事情应该是我的 10 倍以上，但我们每次见面，他总是谦恭地说"教教我这个东西"，然后认认真真地听我讲。所以我每次都很愿意和他见面，而且每次都会和他谈论很多事情。也许我说的一些事情他其实已经知道了，但是他也从来不会打断我，仍然像第一次听到这个事情一样认认真真地听我讲。无论是他多么熟悉的事情，无论日常生活还是人际关系，他总能对其保持新鲜感，并用谦虚和开放的心态面对。

"士别三日，当刮目相看"，年长者最常犯的错误是忽略了年轻人也许已经在自己没有察觉到的时候有了飞跃式的进步，而仍然对他们抱着傲慢和轻视的态度。**如果我们时刻保持"第一次"的心态，就能一直维持新鲜的自我**。这样的新鲜感将为我们带来新的发现和感悟，我们在工作和人际交往中也能因此跟上新的变化，我们也就能一直成长和精进了。

做一个深呼吸：
对抗压力的最强武器

我们最能保持自我风范的时候往往是在以放松的心态处理事情时。只有保持自我风范，才能发挥自身的实力，迸发出独特的创意。因此请时不时做一个深呼吸。深呼吸是最简单且最有效的放松方法。当压力积累过多时，我们的呼吸就会变得浅而急促，我们会觉得喘不过气。在紧张、悲伤、疲劳、兴奋的时候，停下来做一个深呼吸就可以恢复平静的状态。**喜欢做深呼吸的人更容易保持笑容**。

我每天都至少做 3 次深呼吸。分别在我工作开始、中途和结束时；每次都做 10 个深呼吸动作，慢慢地吸气，呼气。当呼气时，我可以感受到身体放松、心跳速度下降，紧张和忐忑也会随之消失。因为深呼吸可以在任何时候、任何地方做，所以我十分推荐这个方法。

遵循自己的兴趣：
让兴趣成为向导

请把自己的兴趣当作自己人生的向导。我们的兴趣会成为我们生活中重要的守护神。

请把自己的兴趣化为人生的理念与信条。遇到障碍时，只要有兴趣，你的兴趣就会为你开路。你的兴趣会让你不厌其烦地学习和发现新的东西。因此，让我们更加深入地探讨兴趣的力量吧。做自己喜欢的事情时，你会感到无比快乐和满足，你对这件事情的喜欢也会加深你对它的理解。"喜欢"与"想成为"或"想要"的概念是不同的。**"喜欢"不是去追逐天边的彩虹，而是去珍惜身边的风景**。有些人可能不知道"喜欢"是什么，其实只要是自己"喜欢"或认为自己"喜欢"的事情都可以被称为"喜欢"。

无论你喜欢看电影、吃美食、午睡还是下雨天，请都不要担心被别人笑话。我们不需要问自己喜欢的东西是不是有意义的，因为"喜欢"是即使不向别人坦露，自己也可以乐在其中的事情。你在童年时迷恋过什么吗？俗话说"3岁看大，7岁看老"，你身上的很多事情，包括喜欢什么，说不定在童年时期就已经有所体现了。也许因为别人的嘲笑或父母的干预让你对这些事情不再"喜欢"，但是我们应当再次回忆起自己喜欢的事情，并坦率地说出"喜欢"，即使这些事情也许是难以启齿的。

　　我有一个朋友从小就非常喜欢听风声。为了听风声，她会专门看电视台的台风新闻，听播报现场中的风声。后来，她在求职时偶然得知一家风力发电公司的岗位在招聘，她回想起了自己对风声的喜欢，就去应聘了。她现在已经成功在这家公司就职了。

　　在自己喜欢的事情上添砖加瓦，让自己对它更加喜欢，也是找到自我的一种办法。有一位女士非常喜欢玫瑰花。她经常到各地的植物园为玫瑰花拍照。她为了让照片中的花朵更好看，用心磨炼了自己的拍照技巧，甚至还举办了个人的照片展览会。现在，她不仅拍摄玫瑰花，还拍摄各种其他花卉。她作为摄影师已经小有所成，并且收入也不薄。我想说的并不是喜欢某事就要把这件事当作职业，而是只要不断地保持自己的兴趣并投入努力，你的兴趣就会给你带来惊喜。将自己喜欢的事情融入生活，不也是幸福生活的要素之一吗？

不紧绷 的 5 个幸福的习惯

第 1 问：

弥太郎先生，究竟什么是幸福呢？

幸福是能够对所有事物心存感激。

人类从远古时代开始就一直过着集体生活。人们通过集体生活学习了比独居生活丰富得多的知识和技能。集体生活的人类分工合作，分享食物、使用语言交流、使用货币贸易，并以这样的方式生存至今。

　　我们之所以会自我内耗，其实是因为我们在为现实世界可能对我们造成的伤害做预防。停止互相消耗，需要相互信任、积极沟通，需要宽容和善良，需要心存感恩。如此，精神内耗的情况就会得到缓解。

真诚：
保留自我的同时，能够接受任何事情

那些有所成就的人，他们最重要的共同点莫过于无比真诚。

有句话说"真诚胜过千军万马"，真诚的人会受到别人的欢迎，他们谦虚好学，博采众长，因此能轻松地超越许多人。

真诚能够促进学习。真诚的人非常灵活，不会固执于自己的经验和想法。因为他们知道没有唯一的答案，所以会不断寻找更好的想法和方法，接受一切并不断精进。只要你真诚坦率，你就可以与人深入交流，因为你总能敞开心扉。

有人问你："最近看到过有趣的书吗？"如果你告诉他书名，他立刻就拿出手机下单购买，那么下次你还会想告诉他；如果你和他说"这家餐厅的菜很好吃"，下次见面时对方不仅和你说已经去过，还把他用餐的感受告诉你，你会更愿意和他分享。

与那些听到建议后只是说"谢谢你""下回试一试"的人相

比，大家都更愿意帮助那些听到建议后有所行动的人。**那些真诚的人能够轻易地聚集起周围人的力量。这就是为什么一个人的真诚拥有超越千军万马的力量。**

真诚的关键在于如何与自己相处。如果被自己的骄傲和经验束缚，无论听到别人说什么，都会很快地反应道："是这样吗？""不，我认为是这样……"真诚的人会认真地接受和理解别人的观点，并相信那些观点也许比自己思考和意识到的更正确。

如果一个人太过执着于自我，他就无法做到这一点。比起"什么意见"，他更关心的是"谁的意见"，并会不断地强调"我是这样认为的"。

攀比也是一种主张自我的行为，它会让人总想显示自己的优势，以至于无法真诚地对别人说"很棒""真好""谢谢"。

真诚的人还有一个共同点，那就是谦虚。无论年龄有多大、地位有多高，或财富有多雄厚，他们都不认为自己比别人更优秀。他们知道，自己之所以成功，不仅是靠自己的力量，还因为有人帮助、支持和信任他们。他们相信自己的成功离不开所在的环境、运气和机缘巧合等外在力量的帮助。因此，他们认为自己还有很多需要学习的东西，因而成为谦虚的人。

然而，有一件事情需要注意：有时候，真诚会让人感到痛苦。如果有人误认为真诚就是放弃自我，他就会因为过于真诚而吃苦头。

你的真诚会吸引身边人的注意，你身边的人会因为各种原因来到你的身旁。千万不要对此感到奇怪或不习惯，用你的真诚一点点地拉近你们的关系吧！但是，也会有人试图玩弄甚至利用你的真诚。这些人以为你对他们的真诚是立场不坚定的信号。他们会通过赞美和套近乎来接近你，然后试图摆布你。所以千万不要因为对他人的真诚就放弃了自我。要做到这一点，可以试着保持社交时的距离，这样你就能时刻站在自己的位置上思考问题了。

微笑：
微笑是世上最美的东西

如果你的脸上总是带着微笑，你就会一天天地取得进步。这就是我每天的感受。

我每天都和自己说："面带笑容的一天才是取得进步的一天。"

我 20 多岁时，曾竭尽全力地让自己能够被他人认可。因此，我做任何事情都尽量追求最好的结果。我步入社会时没有任何一技之长，所以我绞尽脑汁地想办法得到别人的认可。像我当时那样刚刚步入社会的年轻人，往往做什么事都不如意，虽然旺盛的精力似乎能让他们做到任何事情，但是他们最终会发现其实自己什么都做不了。我曾经产生用自己的创意来创业的想法，但我既没有经验也没有技能。当别人问我"你能提供什么"时，除了

"我会努力"，我无话可说。对于刚步入社会的年轻人，"我会努力"就是唯一的特长了。我没有任何成就来证明我的能力，甚至连如何把握机会都不懂。在那些我一无所长的日子里，支持和鼓舞着我努力干下去的就是我脸上的微笑了。微笑是我的原动力。我在每天的生活中会微笑着和遇到的每个人打招呼，遇到不懂的事情时同样会微笑着向别人询问。

生活中和别人交往时，我无时无刻不在提醒自己保持微笑。你对别人微笑代表着你珍惜和别人的邂逅，并为此感到幸福与快乐。正是通过这样的微笑，我才能逐渐拓展我的交际圈，积累经验和知识，磨炼自己的技能。现在回想起自己一无所长、凡事都有求于人的那个时期，正是保持微笑的心态，让我的生活走上了正轨。即使时过境迁，我也牢记着微笑的重要性。

然而，保持微笑其实并不容易。人生道路上的困难会让我们眉头紧锁，生活中悲伤的事情会让我们愁闷不已。如果你长时间陷入消极的状态和心境，从中走出去会变得越来越难。而一个整天愁眉苦脸、唉声叹气的人，又有什么魅力可言呢？终会落得孑然一身。

脸上的微笑不只是摆脱困境和苦难的结果，更是摆脱困境和苦难的良方。

据说，吉卜力工作室的制片人铃木敏夫写邮件时，每封邮件的内容都以"（笑）"来结束。我十分佩服这样的做法。读工作邮件时，每个人都难免会感到紧张和不安，因为我们担心邮件的内容需要我们严肃对待。收到像铃木先生这样的上司的电子邮件时，情况更是如此。铃木先生以一个"（笑）"就轻松地吹走这种压力。即使是在一封简短的邮件里，收件人也能感受到他开朗随和的人格。我相信铃木先生周围有很多人因为他这样的习惯而感动。

我自己也曾被他人的微笑所拯救。当我遇到困难时，当我紧张时，或当我犯了错误时，别人的微笑是最能让我安心和平静的。微笑连接着你我的心。与人交流时的微笑会让别人更容易记住你的名字，并津津有味地听你讲话。要想加深与别人的关系，首先要记住保持微笑。微笑传达了快乐、愉悦和赞赏。

微笑是那么简单，你不需要任何特殊的技巧就能做到，而它对任何事情又都是那么有效。请把微笑当作生活中的灵丹妙药，让它赋予你力量。

问候：
问候看上去很随意，其实很重要

　　一个小小的问候可以为你的生活带来莫大的好处。一切美好的事物都是从一个个问候开始的。例如，当你早上遇到你的邻居时，你不经意间说出的一句"早上好"承载着你对他的认同。问候不仅能让身边的人感到心情舒畅，同时也在向他们传达着"我不是什么可疑的人"之类的信息。这些不经意间的小小问候是每个人愉快生活的重要组成部分。每天的问候营造了积极的氛围。如果一个人不向他人致以问候，他人很难将其与好的事情联系起来。当进入电梯时，一句简单的"你好"就可以缓和紧张的气氛，传达尊重之意。问候是如此重要，但是很少有人注意如何正确地问候别人。你有没有在忙着工作时，一边问候别人，一边头也不回地盯着计算机屏幕？你也许是无意的，但是被问候的人难免会觉得自己被忽视了；然而，如果你郑重其事地起立，边敬礼边问候对方，那么对方不会觉得你有礼貌，反而可能会觉得你在讽刺他。问候别人时，如何让别人感到舒服是很考验分寸感的一件事情。小小的问候，其实隐藏着大学问。

即使你每天在同一时间向同一个人问候，也需要留心不同之处。对方今天是精力充沛还是疲惫不堪？他给人的感觉如何？可以试着根据这些观察改变你的问候方式，也要选好问候的时机。正是这些细致和用心的观察让你的问候变得魅力无穷，让别人更加信任你。我认识的优秀的人都是十分善于问候的。也许你会觉得观察对方的状态和把握问候时机比较困难，不过只要你能做到直视对方并认真地问候，就能给对方留下不错的印象。

然而，也请不要过分纠结于如何问候。问候虽然重要，但也只是我们工作、生活中的一个开幕曲或开场白。有时候需要注意不要让开场白抢占了主戏的时间，比如，如果会议上人很多，互相之间的问候往往就会被一语带过。在这种场合向每个人逐一问候显然是不现实的。

有些场合，如何问候则很重要，比如在日常生活中，你是如何向长辈和晚辈、上级和下属问好、道别和道歉的呢？在与长辈和上级见面时，我们往往需要主动向对方打招呼，他们也往往会迟一步向我们致意。如果将这个顺序颠倒过来，他们就很可能感到被冒犯了。无论对方是谁，我们都要主动向对方打招呼，表明我们需要、认可和尊重对方。

我年轻时，如果长辈或上司主动和我打招呼，我会激动和高兴很久，哪怕只是一声非常随意的招呼，也会让我感到自己被重视、被关注而充满干劲，同时我也会更加尊重他们。

一个人的问候方式说明和决定了他的很多事情。无论你的年龄和职位如何，都不要忽略了问候这件事情。**生活是一面镜子，如果你想得到别人的认可和尊重，就要先对身边的人表达你对他们的认可和尊重。要想做到这一点，第一步就从"问候"这小小的事情做起**。问候本身并不重要，重要的是通过问候来向身边的人传达你积极、友好和礼貌的态度，让你的友善融入他们的生活。

享受乐趣：
享受乐趣是生活中的大智慧

需要你操心和担心的事情是不是越来越多了？你的未来、工作、健康、家庭、财务、环境，这些以前并不需要操心的事情现在都开始进入你的生活，牵扯着你的心神。你每天接收到的新闻和消息中，有些让你心情激昂，有些又令你担心不已。网络时代，每天都有成千上万的事情发生，围绕着这些事情评头论足的人更是多如牛毛。在不知不觉间，你是不是也加入了这些"评论家"的大军？你是不是也已经习惯对任何事情都先发表不满和批评，却很少享受浏览这些新闻内容本身了？这样很累，不是吗？不仅如此，这些情绪和习惯还会渗透到我们生活中的方方面面。看电影时，我们本应该是放松与享受的，却习惯于聚焦电影的缺点，比如情节不够自然等。这些下意识的评头论足与愤愤不平让我们原本多彩的生活逐渐褪色，最终只剩下事情消极的方面和我们对这些方面的无穷无尽的忧虑与紧张。放轻松、保持幽默感是改变这种状态的良方。

其实很多事情我们不需要去分析，也不需要思考其中的含义；我们只需沉浸其中，去享受和被逗乐就好。看漫画时，不要去注意作者画作的瑕疵，少动一些脑筋，你就会被漫画内容逗得放声大笑而变得轻松自在。

我订阅了两份报纸和三份周刊来了解世界上发生的新奇事情。我不是批评家，所以也不去试着同意或不同意上面所写的事情。我只是作为饶有兴趣的旁观者来观赏和品味发生在这世界上的独特戏剧。这个态度让我能够怡然自得，不会沉沦其中乃至不能自拔。为贫乏的生活增添乐趣与色彩难道不正是新闻最初存在的意义吗？我希望你也能放下谴责、批判的态度，保持幽默感，发现其中的乐趣。"好之者不如乐之者"，有时，把握住事情的乐趣，反而能够把握住事情的本质。分析和思考的头脑是现在很多人生活的"生产工具"，让我们时不时地收好这些工具，让它们在乐趣中休息休息，给它们抛抛光、打打蜡。**有时候，大智慧并不在思考和辩证中，而是在乐趣中**。

互助：
互助是社会的基石

我相信，互相帮助的精神在这个世界上并不是仅存在于人与人之间，而是存在于所有事物之间。完善的医学、不朽的科技和璀璨的文化，都是因为一代代人的利他和互相帮助的精神才得到了发展。无论过去还是现在，我们生活中所有的活动都贯彻着这种精神。在某种程度上，维系和贯彻这种精神就是生活的意义所在。无论在外散步、购物、工作还是上网，遇到需要帮助的人时，这种精神都会提醒我要施以援手。当我需要帮助时，常常也会有人不辞辛苦地给予我帮助。别人对我的帮助和我对别人的帮助正是将我与外部世界联系起来的媒介。

无论时间还是金钱，一味地将其用在自己身上是多么浪费和没有意义的啊！无论我们如何追求更多时间与金钱，我们自身最终都会消逝。况且无论如何提升，一个人的力量终归是有限的。只有将我们的金钱和时间投入这无限延展的人与人互相帮助的巨网，才能创造出真正的价值。

我年轻时曾经游历各国，在数不清的紧急和危难关头，总是能遇到愿意帮助我排忧解难的人。这些和我完全陌生的人愿意帮助我，并不是为了获得直白浅显的自身利益，而是因为他们自身也处在这个互相帮助的巨网中。他们在平常生活中自然也一边帮助别人，一边接受别人的帮助。

现代的社会是高度发达的社会。这里说的高度发达指的不是科技的发达和经济的繁荣，而是人与人之间互相帮助的巨网空前强大。这个社会永远不会抛弃那些为正确的事情付出努力的人。我问过历经重重困难最终取得成功的人，他们成功的秘诀是什么，他们都说"曾经在困难的时候得到了别人的帮助"。如果你在困难的时候得不到周围人的援手，请先反省一下自己是不是辜负过周围人的好意，比如是不是自己其实有什么不好的企图，或者自己在该出力的时候并没有尽全力？哪怕真的处于山穷水尽的境地，也不要放弃自己。人们是不会忽视一个正在绝望中挣扎的人的。也许你会觉得这些都是"难以相信"或"自欺欺人"的，但我相信，互相帮助是构建人类社会的基础法则之一。如果你遇到麻烦，周围的人总是希望能帮助你。伸出援手的人可能是路过的行人、店内的顾客，也可能是你的老熟人。这不是指某个特定的人会来帮助你，而是指一种无形的力量在幕后起作用，敦促人们互相帮助。你和我都存在于这个互相帮助的巨网中和这个无形力量的影响下。因此，在遇到需要帮助的人时请去帮助他，在遇到麻烦时也请不要放弃向他人求助。

不纠结的 5 个社交习惯

第 2 问：
弥太郎先生，别人是不是都讨厌我？

不可能所有人都讨厌你。

在与他人的交往中保持距离是很重要的。即使是自己身边的亲人，想要完全理解对方也是十分困难的，更何况是生活中的其他人。一个人不是那么容易被理解的。正是因为难以理解，所以我们在交往中才需要开动想象力，为他人着想。更何况，自认为理解他人，往往也只会让我们在交往中碰壁。事实上，难以理解正是尊重的基础，它让我们懂得保持距离，不胡乱地干涉别人的事情、踏入别人的空间。

人们往往通过语言、行动甚至面部表情来表达自己的态度和情绪。谁都不可能完全理解这些情绪的表达。与其试图掌握别人的情绪，不如在交往时保持适当的距离来体现我们的尊重。这并不意味着我们放弃去理解别人，正是因为意识到我们不可能完全理解一个人，所以才选择去尊重和信赖别人。尊重和信赖是与他人保持良好关系的大智慧。我们的许多烦恼都源于无法处理和他人的关系。一旦涉及和他人的关系，就很难处处称心如意，所以我们要用心地向他人学习，在和他人的交往中成长。在人际交往中用心体会是能左右我们人生的重要习惯。

尊重：
尊重比亲近更重要

无论面对谁都请保持礼貌。即使对比自己年轻的人或已经很熟悉的人，我也会很礼貌地与他们说话。我不会因为对方比我年轻或资历比我浅就对他们出言不逊。很多人都会因为你的礼貌而感到高兴。年龄的长幼常常定义着地位的高低，但我不会把年龄和地位当作与他人相处的标准，我更愿意把每个人当作独立的个体来对待。我认为，无论面对谁都能保持尊重，这是与人交际的基础。人与人之间的差异是自然存在的，每个人都会有自己好的一面和不好的一面，我们不应该因为一些细枝末节的不好的方面而改变我们对他人的尊重。不仅如此，我认为一个不完美的人才是一个健康的人。如果我们只与赞美、表扬和给予我们好处的人交往，而对批评、指责和严格要求我们的人敬而远之，总有一天会吃大亏的。

在日本文化中，对一个人的名字有很多称呼方式。例如，在

你啊，内心戏超多：停止精神内耗的 65 个习惯

办公室里，上司对下属直呼其名是很常见的。这种称呼方式对被称呼者有失尊重。我明白这种称呼方式已经在日本文化中根深蒂固了，使用这种称呼方式的人往往并无恶意。但是我认为，大家应该开始思考如何改变这样不够尊重人的称呼方式。也许有些人认为这样随意的称呼方式能够带来一种类似父母与子女之间的亲密感，但我认为，即使在称呼新员工时，老板也应当在员工的姓名之后加上"先生"或"女士"。**得到尊重不应该是某些人的特权**。

当你认识并开始亲近一个人时，你称呼他的方式也会改变。起初你也许会用"您"来称呼，但是这种尊敬的字眼逐渐就变成了"你"。然后你渐渐开始在对方不在场时直呼其名，随意地谈论他。你这样做也许并不是为了向别人炫耀你们的亲密关系，而只是认为即使有失尊重，对方也会原谅自己，于是变得有恃无恐。这样的行为也许包含着确认自己和别人拥有亲密关系的意味，也许也包含着自己在关系中高高在上的意味。我觉得这样随意的交往方式会在未来被逐渐淘汰。正所谓"病从口入，祸从口出"，哪怕是再亲密无间的关系，也会因为这些随意的称呼和对待方式而产生隔阂和裂痕。**人际交往中大多数的问题都源于称呼方式的微小改变**。

承诺：
要在每一天中信守承诺

不要因为承诺太小就不去遵守。和别人的互动中，最有价值的是赢取对方的信任。没有比信守承诺更直接的赢取信任的方式了。承诺不仅包括口头上的承诺，也包括不言而喻的承诺。例如，别人告诉我们一件事情，哪怕没有特意让我们保密，我们也应该保持谨慎的态度，而不去随意散播。很多时候，做出承诺是出于对他人感受的考虑，只有信守承诺，才能获得别人的信任，给人以可靠的感觉。在日常生活中，有些人会轻易地做出各种小小的承诺，很随意地对别人说"我下次给你打电话"或"我下次见到你时给你什么东西"之类的话。这种客套性的承诺，他们会轻易忘记，但"言者无意，听者有心"，当你做出承诺时，无论多么微不足道，它都是一个让对方期待的承诺。如果对方等了又等，但你迟迟没有兑现承诺，那么他对你的信任自然就会减弱。相反，如果你总是信守承诺，哪怕是微小的承诺，对方也会牢记于心。因此，无论承诺是大还是小，我们都应该重视它们。

我们也应该在平日里多多许下承诺并兑现它们。不要做出你无法兑现的承诺，但也不要害怕做出承诺。不要觉得这些小小的承诺麻烦，只要大家相处融洽，就试着做出承诺吧，哪怕是"下次见面再接着聊"这样微不足道的承诺也好。这些承诺是让你们的关系更亲近的好方法。**人生中的机遇往往都是伴随着新的承诺而出现的**，所以千万不要觉得承诺是负担。一个不愿意做出承诺的人，在这个互相协作的社会里是不容易受欢迎的。承诺就是有这么大的价值。

互相学习：
互相学习是人际交往中非常受欢迎的事情

只有能够互相学习，两个人的关系才能够长久，无论朋友、同事还是已婚夫妇都是如此。经历之前没有经历过的、知道之前不知道的事情，或与思维方式完全不同的人交谈，这些是难得的刺激和愉快的体验。在人际交往中，如果你能讲出对方认为有趣的话题和事情，绝对可以调动他们的兴致，也能加深与他们的关系。人都是充满好奇且好学的。**新的发现、新的见识是人际交往中最受欢迎的礼物之一**。

为了拉近和别人的关系，你可以试着稍微了解他们的兴趣和背景。你可以试着想想谈什么样的事情会让他们高兴或有兴趣。在了解之后，可以试着为下一次的交谈做准备。你可以试着回顾一下自己的知识，或整理自己旅行中的照片，这些都是能够引发别人兴趣的话题。总之，要做到互相学习，你需要有东西拿得出手。

互相学习是对彼此的付出，我就有过类似的经验。我曾经听说某个人喜欢听古典音乐，第二次见到他时，向他提及某位著名钢琴家的曲子，但他说："我不怎么听钢琴曲，我平常都是听小提琴曲。"那天他告诉了我许多小提琴家的故事和曲子。但在我们再次见面时，他出乎意料地对我说："我听了你提到的那位钢琴家的作品，非常好听。你还有其他推荐的钢琴家吗？"我对能够拥有这样一段关系而高兴。

互相学习的关系是值得珍惜的良性关系。这样的关系有别于利益关系，会随着两人的互相学习变得更持久、更可靠。

原谅：
原谅他人要在三日之内

　　人都有情感，有时我们会觉得自己无论如何也不会原谅另一个人，但是无论发生什么，我们都要学会并尽自己最大的努力去原谅他人。否则，我们就会因为过去的负担而无法继续前进。即使你无法立即原谅，也要试着在最多三天内做到原谅别人。

　　原谅并不是让自己忘记发生过的事情，而是抛弃成见，从而更好地继续自己的旅程。如果三天之后仍然无法做到原谅他人，那么我们对他人的怨恨只会成为沉重的包袱，会消耗我们的时间和精力。如果不去原谅，那么仅仅是他人的存在就会让我们的思考停止，也让我们的人际关系因为充满火药味而无法取得进展。**原谅并不取决于对方是什么样的人，或对方是否改变，而是取决于我们对自己的责任。**所以无论对方多么可憎，无论我们是不是已经对他所做的事释怀，我们都要试着去原谅他。

　　我常常因为无法在工作和生活中原谅他人而感到苦恼。我总是会不由自主地抓住一件事情不放，以至于每晚都辗转反侧、彻夜难眠。但是，这样的过程并没有缓解我的情绪，也没有给我带来任何好处。没有什么比思考"我永远不会原谅"或"我到死都不会原谅"更令人痛苦的了。无论午休时间还是深夜，每当周围安静下来，"无法原谅"的念头就像心魔一样来纠缠和折磨自己。这样，受伤的从来不是别人，而是自己。我们会因为憎恨变得失去平常心，无法拥有片刻安宁，最终停止冷静思考，开始故步自封，而这又是何苦呢？这就是我对此的思考。

　　为了能够做到原谅，我们可以试着去理性分析事情的前因后果。这样的事情为什么会发生？那个人当时为什么那样做？很多事情常常是当局者迷。只有放下个人的成见和得失执念，去真正地分析一件事情时，我们才会意识到它的真正样貌。这个时候，发生过的事情就如同被写入了历史课本，成为客观的事实。这样我们就能更轻松地将这一页翻过，原谅他人了。只有不断地经历事情，消化事情，原谅事情，我们才会不断地成长，也会将许多事情看得越来越清楚、明白。

在事情发生时，很少有人能梳理清楚事情的来龙去脉，所以不要武断地将因果对错归咎于某个人，而要告诉自己，很多事情背后都有自己不知道的苦衷。如果能做到这一点，在三天内原谅别人也就不是那么难做到的了。

我们都不是圣贤，谁都有犯错误的时候。很多时候，我们做的事情反而会违反我们的初衷，也很容易引来别人的误解。我们自己犯错误时，常常轻而易举地就原谅自己。我们一语带过地道一声歉，就觉得事情已经过去，也希望对方能够尽快将我们犯的错误抛到脑后。但是当别人犯错误时，我们是不是经常觉得对方的道歉不够诚恳，或常常揪住一件事情不放？

没有人喜欢生活在自己犯的错误里，也从来没有人喜欢道歉。大家都希望尽快得到别人的原谅并向前看。既然我们犯错误时是这样希望的，那么为什么不能在别人犯错误时以同样的态度去原谅别人呢？**是否原谅别人，并不在于对方的态度如何，而在于如何不局限于对方的态度。**让我们试着实践我们期望别人对我

你啊，内心戏超多：停止精神内耗的 65 个习惯

们犯错误的态度，将烂摊子收拾干净，然后把这件事置之脑后吧。这样我们就可以与我们身边的人继续携手向前。为什么要在纠结别人的错误中让大家离心离德，而不将别人的错误抛在脑后，让大家携手共进呢？

你有没有过这样的经历：你和恋人或朋友因为一些变故而突然关系终结。虽然你无法理解为什么会发生那样的变故，但是对方去意已决。就算你哭着去求他们，你们的关系也不可能恢复到从前。发生这样的事情后，你是每日怀着悲痛与不甘去苦苦纠缠，还是能及时从过去的关系中走出来，并尊重对方的选择呢？

明明是对方背叛了我们，我们为什么要原谅他们甚至尊重他们的选择呢？这是因为每个人都会有别人无法理解的苦衷。如果我们自己处于他们的境地，是不是会做同样的选择呢？有多少人能拍着胸脯保证自己永远不会背叛别人呢？

再说，遭到背叛就意味着我们和那个人之前的关系全部是虚假的吗？很少有人是为了背叛某个人而成为他的朋友的。虽然结果是我们遭到了背叛，但这只是在这段关系的旅程中发生的意料之外的变故。关系的出发点和结果无关，仍然是美好的。**不要因为遭到背叛的结果而去否认发生过的美好**。让我们花上三天去消化，然后怀着轻松的心情继续起航。

距离:
距离产生美

我有一个相处了将近 30 年的好朋友。我们的关系十分亲密，彼此之间基本上是无话不说、不分你我。但是，我们说话时仍然用着"请"，彼此都十分客气。周围的很多人对此都感到十分惊讶，但我认为正是因为我们时刻保持着适当的距离感，我们之间的关系才能持续至今。我们不会为了试探关系的深浅而去唐突地拉近距离。我们都觉得现在的距离十分舒服。

正如我前面提到的，社交的重要准则是既不能太近也不能太远。无论多么要好的朋友，如果过于琐碎地干预朋友的私事，那么关系必然会疏远。这并不是让我们拒人于千里之外，**互相之间伸手就能碰到的距离是能维持最久友谊的距离**。我们和朋友随时可以互相倾诉烦恼，互相帮助，而不至于互相干预私事，也不至于因为过近的关系而变得无所忌惮，这就是"恰到好处"。

不要让我们的朋友感到孤单。因此，我们要用心地去关注朋友。相处得时间越长，关系越深，这一点就越重要。就算如此，我们仍然应当注意保持距离，不要走得太近。在和朋友的相处中，拉近关系的行为有时会起到反作用。比如说，如果我们认识的人发生了什么事情，我们可以去适当关心一下；但如果为了获得聊资，抱着"打破砂锅问到底"的精神去深挖隐私，则是不好的。在人际关系中，很多事情不去了解反而会更好。**一段关系的最理想状态是"双方随时可以离开却永远不想离开"**。"没有你我活不下去"的关系往往对双方都是一种折磨。即使是夫妻，也需要保持各自的独立性。我认为最美妙的夫妻关系中，双方不是互相依存，而是互相欣赏，即使分开仍然能各自生活下去，但双方都选择在一起。

　　我们年轻时都容易被感情冲昏头脑而变成"恋爱脑"。年轻时相爱的双方喜欢互相立下"永远在一起"的海誓山盟。立下这样的誓言时也许是十分幸福的，然而，经过长期的相处后，双方都会逐渐变得清醒，并意识到对方和预想中的有些不同，甚至觉得"那时真是被爱情冲昏了头"。所以，我认为，保持距离、互相欣赏、互相尊重是比如胶似漆、相依为命更健康的关系。无论和谁交往，只有保持适当的距离才能"相看两不厌"。正所谓"距离产生美"。

第 3 章

不互相消耗的5人高能量之间

第 3 问:

弥太郎先生,为什么我不会去爱别人?

你肯定已经有爱着的人了。

"爱"这个词在我们听来是悦耳的，然而这并不会让它成为每天常用的词，我们没有每天说"我爱你"的习惯。要理解"爱"的本质是非常困难的，然而"爱"这个词是很重要的。在我的理解中，"爱"的意思也许更接近于"关怀"。如果"爱"的意思是"我会尽量为你着想"，那么大家就会更频繁地使用它了吧。

　　"为别人着想"意味着和他人统一战线，意味着不求回报地从对方的角度考虑问题，甚至还意味着一起受苦。乍一看，一起受苦的说法可能会让人不舒服，但仔细想想，这就是表达同情心的最好方式了。那么，我们平时应该如何与我们爱的人沟通呢？我们都渴望和身边的人构建互相鼓励、互相提高、互相帮助、互相包容的关系，但是这样的关系不是仅靠增加相处的时间就可以构建的，关键的是在相处的过程中，日积月累地用心去关爱他人。这样，我们自然就学会了什么是"爱"。

一同生活：
一同生活必定意味着互相剥夺自由吗

和他人一同生活要互相帮助，从而使每个人都能更好地做自己。不要试图用自己的欲望和感受去指挥和控制对方。我们要注意不要让对方因为和我们在一起而无法或不方便做他想做的事情。我们最好也要避免使互相之间的分工变得过于固定。

我们不仅需要尊重他人的自由，同时也要重视保留自己的自由。因为只有双方都能够获得自由，关系才能够变得融洽，相处才能变得长久。当互相之间的自由发生冲突时，要通过有效的沟通来化解。但是不要因为误把"向对方让步"当作体贴，而去一味地无声忍受。**如果把相亲相爱作为目的地，那么沟通是到达这个目的地必然要绕的远路**。因为关怀并不是单方面的施舍，而是需要互相呼应才能实现的。有时让步是必要的，但如果无法保持

你啊，内心戏超多：停止精神内耗的 65 个习惯

关系的双向平衡，其中一方必定会处于痛苦之中，这样的关系也会难以持久。双方都相互尊重对方的自由，这才是能够长久地维持互相支持关系的基础。

观察他人：
观察他人是首要行动

别人想向我们传达什么信息，他们处在什么样的环境中，通过观察，我们往往都能明了。只要有一双愿意观察的眼睛，在任何情况下我们都很难变得闭塞、迟钝。在采取行动前先去观察是很重要的。

爱的反面不是恨，而是漠不关心。和一个人相处久了，这种熟悉感就很容易让我们对对方失去兴趣，即使你对他的感情其实并没有改变。越是和熟悉的人相处，我们就越容易觉得已经知道对方要说什么、要做什么、在想什么，从而对他们正在说的话听而不闻，对他们正在做的事情视而不见。如果不能对身边的人抱有关心，即使你们每天都在一起，他的变化也会逐渐逃离你的观察，你们的关系最终也在不知不觉中渐行渐远了。

然而，去观察并不意味着去监视，观察是最大程度地尊重对方的自由和空间；观察与远望也是不同的，观察并不代表袖手旁观，当我们的朋友需要帮助时，我们要对他们施以援手。

当你观察时，你会注意到人们身上的许多事情，包括他们的长处和短处、优点和缺点，以及他们行为中矛盾的地方。人无完人，每个人都会有各种各样的缺点以及不讨喜的地方。让我们试着接受他们的所有特点，用一颗善良和关怀的心去观察他们吧。**观察是理解的探路先锋**。无论遇到什么事情，请都先试着去观察。

互相支持：
互相支持创造幸福

"支持"，顾名思义，指的是向对方施以援手，去支撑他，给予他一种安全感，让他的生活更加轻松和丰富。我们应该守护他，鼓励他；应该在他劳累时，精心为他提供能安心休息的环境；应该在他苦恼时，去聆听他的倾诉。

我们都有自己的目标，也有自己要走的路。我们在关怀别人时也要注意不给他们强加任何会干扰他们的东西。我们要时不时地去反思，不要让自己成为别人的负担，也不要用自己的想法和认知去捆住别人的手脚。如果不加以注意的话，我们很容易好心帮倒忙。

没有什么能比我们的支持更让别人安心的了。我们的安心感和幸福感正是从这样的相互支撑中诞生的。

互相交流：
互相交流什么事情都好

随着关系的加深，无论好朋友还是商业伙伴，双方之间的谈话都会不知不觉地变得简略。这是因为了解彼此的行为模式后，说话的需要就减少了。能够达到"一切尽在不言中"的境界也是关系中的乐趣，但如果双方因此变得自满，开始一声不吭地对对方抱有期待和诉求，关系就会变得紧张、生硬。

"这还需要我告诉你？"这是一句很自私且任性的话。人是会随着时间不断发生变化的。如果不能及时地用语言来传达自己的意思，让对方明白，那么人与人之间就难免产生隔阂了，人真的是一种很矛盾的动物。

我们无法掌握对方的一切，但是我们可以通过交流来不断地更新彼此之间的了解。我们喜欢做什么？正在担心什么？身体状态如何？通过交流，这些也许不需要说出口就能让对方明白，这正是面对面交流的优点。如果只在社交软件上收发短消息，很多事情其实无法完全说明白。我们会对别人发火，常常是因为无法清楚地知道对方的想法和处境。但是如果我们养成了与别人主动交流的习惯，我们就可以及时纠正误解，让关系回归正常的轨道。

因此，让我们养成经常与别人交流的习惯吧。谈论什么事情都可以：今天的开心事、最近总是在想的事情、将要去哪里度假，或者你目前忧心的事情。卸下防备的谈话是非常令人放松、愉悦的。

可以有不交流的愉快时光，但没有不交流的良好关系。我们首先要做到的是敞开心扉去谈话。不要只顾自说自话，也要注意倾听对方所说的事情。让我们用心去观察对方的感受和对方的状态。

有时候，我们会倾吐出发自肺腑的感言，能够将真心话讲出来就是一个进步。让别人理解我们，别人才可能为我们提供帮助和支持。

与让我们感到放松的人真诚地交流是非常有意义且有收获的一件事。很多时候我们都需要慎重地考虑哪些事情可以说、哪些事情不能说。所以，请一定要珍惜那些可以与之谈论任何事情的人。

共同成长:
共同成长携手共进

　　能够与人携手共进是一件十分幸福的事情。然而，和朋友、同事共同成长这件事情，看起来容易，做起来却很难。人们很容易把自己的伙伴抛下，自顾自地去追赶自己的目标，大家都觉得按照自己的步调走才能更快地前进。虽然很多时候需要优先考虑事情的进展和效率，但是，与他人保持同步是很重要的。请试着去体验和重要之人保持同样步调前进的乐趣吧。试着去了解你的伙伴的节奏，互相体谅，并肩而行。不要嫌弃因此而绕的远路，说不定你能在绕远路时发现新的东西；如果迷失了方向，可以和伙伴一起停下来，一起去思考；疲惫时，可以对同伴说一声"我需要休息"；如果摔倒了，会有人拉你一把。这是多么让人安心的体验啊。

　　你可以有一个预设的目的地，也可以不去预设目标。我们可以把一步一步地共同前进当成旅行的目的。无论关系远近，人人都能够心心相通；结果和目的地并不重要，重要的是一起去享受过程。让我们手挽着手，一起愉快地前进吧。

第 4 章

不着急的5个自我肯定的习惯

第 4 问：
弥太郎先生，我的生活怎样才算作富足呢?

当你的生活中充满金钱无法购得的东西时，就可以算作富足了。

在过去，"富足"一般指物质上的满足，比如住在气派的房子里，穿上舒适漂亮的衣服，吃珍稀的食物，买什么都不缺钱等。一个人的生活是否富足是可以一望而知的。很多人认为，只要拥有足够的物质，自己就可以得到满足，可以向别人炫耀，证明自己比别人更强，所以他们从这些物质的积累中获得了快感，想要"更多"的物质——更气派的房子、更漂亮的衣服、更美味的食物等。

人的欲望是可以无限膨胀的。有些人在获得了足够的经历和拥有了一定量的物质后，就能压制住自己的欲望，但除非他们为自己找到真正的富足，否则他们会永远为自己的欲望而苦恼。当今，更好的、更方便的、更高规格的、更豪华的东西层出不穷，反而有越来越多的人开始逐渐反思他们与物质、财富的关系。他们开始质疑，先别人一步获得和使用好东西是否可以被称作真正的"富足"。

我们怎样对待身外之物，就会怎样去对待自己的心灵。所以人们经常说，要想整理好自己的心灵和思想，首先需要整理好自己周围的环境。因此，你对待周边事物的态度，反映了你心中的风景。

不去拥有：
不去拥有任何事物

富足是不去拥有，这就是我的看法。我们生活所需的东西其实不多，但我们周围却总是充满各种各样的东西。获得新东西可能会带来短暂的喜悦，拥有这件东西所带来的苦闷和烦恼却是持续不断的。拥有这件东西后，当我们在别的地方或他人手中看到比自己的这件更好的东西时，我们就会因为自己手中的东西不如别人的而感到难过。这种压力感源于我们对东西的占有欲。我有一个提议：试着去想象世间的一切都不是属于我们的，怎么样？虽然很多东西都是我们用"自己的"金钱买来的，但是换个角度看，我们只是暂时获得了这些东西的使用权。换句话说，我们什么都没有。我们虽然使用着这些东西，但从未拥有过。

让我们试着更进一步，想象世间万物都是被暂时托付在了每个人的手中。存放伴随着责任，正因为它们是世界暂时托付给我们的，所以我们必须非常谨慎地对待它们。例如，你买了一幅世界级名画。你为了继续拥有它，就需要负责为存放它而创造适宜的环境。你不仅需要考虑湿度和光线是否合适，还需要琢磨是找一位艺术品专家来照看它更好，还是把它捐赠给博物馆更合适。那些花大价钱购置名画的人都是明白自己拥有名画后要负起责任的人。他们需要为下一代人保管这些珍贵的艺术品。那种抱着"是自己的东西，就可以随意对待"想法的人最后都会因此吞下苦果。真正的富足是无法通过"拥有"东西来实现的。我认为，只有用心地对待自己周围的事物，才能达到真正的富足。**富足是一种生活方式，它并不是如何去拥有，而是如何去对待。**

我曾经把我珍贵的木吉他送给别人。虽然那把吉他是我物色了很久才买下的，但是那个人对吉他的热爱超过了我。我认为，让他使用那把吉他比我使用更有价值，所以毫不犹豫地将吉他送给他了。这把吉他在机缘巧合之下来到我身边，但它其实是世界暂时托付给我的东西。正如人和人之间有相遇和分别，我们与事物之间自然也会有相遇和分别。我们如果能摆脱"拥有"的意识，就不会一个劲儿地把东西束缚在自己身边，也不会被东西束缚。**我认为，真正的富足不是执着于外物，而是让内心获得自由。**

　　大部分真正富有的人在衣着和财产安置方面都非常低调。他们并不追求物质生活的奢侈享受。他们可以买他们想要的任何东西，但他们并没有很多想买的东西。或许他们都知道去拥有东西是没有意义的。富足不是由你拥有多少东西决定的，而是由你如何对待生活决定的。这样的豁达和大智慧才是富足生活的本质。**你拥有一件东西的那一刻，就是你因为这件东西而苦恼的开始。**因此，不要试着去拥有任何东西。如果你意识到这一点，你将能与外物保持恰到好处的距离。

去品味：
去品味，而不仅仅是去购买

"品味"是处理事务的重要一环。你一定拥有以下经历吧：你想要一件东西很久了，有一天你终于得到了它，你感到无比满足，你将它摆在身边，然后就再也没有使用过它。比如买了一本书，却不读它；买了一件衣服，却不穿它；买了一辆车，却一直放在那里而不驾驶它。

很多时候，仅仅是购买这个动作就能让我们满足。我们常常对一样东西渴望已久，但是真正使用它时，却感到索然无味。有些东西本来可以在许多场合使用，我们却不去用它们；也有些东西，有很多的功能，我们却不知道怎样去使用。

手表是个不错的例子。很多人有好几块手表：一块简单的金属腕带手表用于工作日，一块休闲手表用于节假日，一块高级手表用于特殊场合，一块防水手表用于潜水等。如果你每一块手表都经常戴，那也没什么；但如果你是因为某一块手表是限量版，或手表打折销售，或单纯想多拥有一块皮带表而不断购买更多的手表，你就永远无法充分地品味它们。所以，在购买手表前，我们应该首先想一想是否真的有必要买这块手表，也许我们只是想购买它。

书也是不错的例子。我在买新书前，总是会先问问自己是不是真的有时间去读它。我曾经有睡前读书的习惯，但现在我的眼睛很容易疲劳，这使我不能在晚上阅读了。虽然我出于工作的原因，每天都会主动抽出很多时间去阅读，但我也意识到，要读这么多书是很困难的。然而，在买书时，很多人没有去估计自己读书的时间就大批大批地购入。

再举个例子，有人会一下子买很多衣服和鞋子，却从来没有机会穿它们。**充分品味是对东西应有的尊重。**以各种方式使用它们，并从中找到乐趣是对这些东西最好的感恩。不要荒废那些买回来的东西，仔细地去品味它们是一件充满乐趣的事情。我们应当把充分地享受物品当作一种习惯。这不正是富足生活的体现之一吗？

下功夫：
下功夫亲自去寻找答案

　　现在已经有很多帮助我们解决日常问题的工具和服务。这些工具和服务似乎让我们的生活变得越来越轻松、方便了。每当有新的问题出现时，企业都会迅速地解决这个问题，似乎已经不需要我们去花工夫琢磨创意。我们似乎已经不再需要事无巨细地做准备，费尽心思地做调查，也不必找别人谈论和咨询，因为很多问题的答案已经变得唾手可得。无论是苦恼于如何应付一次面试，还是纠结于如何选择适合自己的保健品，去问一问人工智能，我们就可以轻松地得到答案①。但这真的是最适合你的方式吗？你对大多数人认为的最佳解决方案感到满意吗？虽然这些都不过是生活中的琐事，但是这些细碎的判断堆积起来，就能对我们的人生产生很大的影响。当我刚刚开始从事图书销售工作时，

---

① 人工智能提供的答案不一定是准确的，请酌情参考。——编者注

曾绞尽脑汁地思考如何才能卖出更多的书，比如要储备什么样的书，如何去摆放这些图书，应该怎样接待顾客，应该让顾客拥有怎样的体验等。我在一次又一次的试错中积累经验，然后将这些经验应用到经营工作中。

然而，现在只要在手机上稍加搜索，就可以源源不断地找到经营的技巧。如果细致地搜索"自己创业"和"书店经营"，就能轻易地找到想找的类似于"答案"的信息，但是这些并不是真正的答案。这些"答案"虽然能成为自己学习和探索的机会，但它们无非都是别人想出来的东西。无论在工作中还是在日常生活中，找到当下发生的问题的最佳解决方法才能算作找到了真正的答案。要做到这一点，我们就需要发动自己的聪明才智，去发明和发现。

互联网上的答案就像街上的便利店。便利店是为了方便那些深夜下班回家的人购物而诞生的。在便利店诞生前，他们在深夜下班后没有地方可以买到生活必需品。自从有了便利店，人们就可以在下班回家的路上买到吃的东西了。便利店虽然十分快捷、方便，但这是否意味着我们以后有任何需要都要去便利店解决呢？自然不是，只要我们稍微花些工夫，就可以不吃便利店的食物，自己做出便宜、好吃又健康的饭菜。

在遇到困难时，在事与愿违时，我们都会暂时陷入无法思考的状态。但当我们遇到不得不解决的危机时，我们的大脑会运转得比平时快得多。所谓"急中生智"就是指在紧要关头，我们能够超乎想象地利用过去的经验和知识来解决问题。这时，我们才意识到，平常生活中苦苦寻找答案时积累下的经验竟能发挥出如此惊人的潜力。成功的体验就是这样一次又一次地增加的。我们每一次寻找答案必然会消耗很多时间，所以可以理解，直接采纳从别人那里得来的"答案"一定是方便快捷的。**然而，我们凭借自己的思考和经验，鼓起勇气向别人寻求帮助，最终得到答案，这个过程的价值是不可估量的**。只有通过自己的努力得到的知识才是最让人感到欢欣鼓舞的，这样才能领悟到学习的快乐，才能建立起独当一面的自信心。首先要自己思考。如果去依赖那些方便的答案获取渠道而放弃了自己思考，人们会错过多少新奇的体验和宝贵的学习机会啊。

节俭：
尽量长久地使用身边的东西

我快要不记得我上一次购物是什么时候了。我虽然经常去买食物和消耗品，但我几乎不怎么买衣服和其他个人用品。我只记得大约半年前，因为跑步鞋的鞋底已经磨破，所以我不得不去买一双新鞋。除了这样必要的购物，我基本上不怎么买东西。我身边的东西已经足够满足我的需要了。一旦你有了更多的东西，就意味着需要去做更多的选择，比如你有好几双鞋，你就必须决定今天要穿哪一双，这其实也是一种压力。如果我们一直使用身边那些还能用的，其实这已经足够满足我们的需求了。许多事物从一开始就是为了刺激我们的欲望而被设计出来的，而我们也不得不每天都与这种欲望做斗争。我们今天面临的挑战之一就是如何去解决被刺激出来的欲望。我不购物的原因并不是我反对新事物。从新事物中可以学到很多东西，所以了解它们也是很有必要的，但购物对我来说则是另一回事。我是因为对自己身边的东西已经很满意，觉得身边的东西也都能用，所以认为不需要去购物。许多人说因为对身边的东西感到厌烦，所以想去买新的东西来替换。其实他们是被那些新的东西吸引了，所以厌烦了旧的东西；而我一旦喜欢上某样东西，就不会厌倦它，因为我知道，"这件东西已经足够好了"。我认为这样的思维方式才更让人富足。

当然，我对新事物也是很感兴趣的，但我之所以不去买它们，是因为我可以预见到马上就会有比它们更新的东西出现。如果我们每次都要对新的东西做出反应，那么我们就会在还没有用坏旧的东西时就买了新的东西。我们这样简直就成了"新事物的信徒"。**但是新的东西真的那么好，而旧的东西真的就完全没办法用了吗**？明明昨天还在对手头的东西满怀兴趣，而今天新的东西一出现就对旧的东西厌烦了，这难道不奇怪吗？如果我们能够做到充分利用手头的东西，尽可能长久地使用它们，我们的生活自然也就变得富足了。

分享：
分享才能建立信赖

让自己的生活变得富足不仅要着眼于与事物的关系，也要重视如何在与他人的联系中让自己的生活变得富足，比如如何与他人分享。我和他人交往时最怕别人问我"那件事情怎么样了"。当别人这样问我时，无论在工作中还是在私人生活中，我都会感到紧张。我会以为我的老毛病又犯了——工作到忘乎所以而忘记向别人分享自己的进度。我想我不是唯一一个这样的人，我们应该尽可能在别人问我们之前，让他们知道我们的状态和进展。

我们应该时不时地向别人分享自己的喜怒哀乐，这样能让双方都感到心安。如果你喜欢钓鱼，并决定周末独自去钓鱼，在你忘乎所以地做准备之前，可以试一试告诉你身边的人你要去哪里、要钓什么样的鱼、要用什么装备。如果你向他们分享你的乐趣，他们就会理解你的行为并欢送你上路。当然，当你回来时，也不要忘记和他们分享你的收获。如果你这样做，他们会逐渐地对你所做的事情产生兴趣。他们会问你"今天过得怎么样""接下来要去哪里"。

同样，我们也不应该独自去承受失败和烦恼，而应该学会与他人分享它们。我们可能觉得自己的忧虑和伤心事是难以启齿的，但是如果拥有愿意倾听的人，这也是一件十分难得的事。当我们向别人倾诉时，我们自己也会对事情有一个新的整理和认识，也能厘清之后应该怎样做。别人也会因为你愿意信任他们，向他们坦言相告而感到高兴。

在工作中，我会尽可能地和同事分享信息，并确保互相知道对方的工作进展和情况，而不会让人觉得，"那个人最近好像很忙，不知道他在做什么"。我会让他们觉得"那个人看起来很忙，但他做得很好"。

只有互相知道对方在干什么，才能催生信赖感。互相分享还意味着可能会从别人那里得到意想不到的启发和帮助。当我们能向他人分享时，富足的人际关系也就诞生了。

第 5 章

不刻意的 5 个生活习惯

我认为，如果用心并快乐地过日子，那么日子就成为生活了。

我认为，在未来，相比学历、职业、年龄和工作经历之类的东西，一个人拥有什么样的生活方式将变得更为重要。过去，对于那些大学毕业后加入企业，一直工作到退休的人来说，学历和头衔非常重要。然而，以后这种终身雇佣的形式会减少。相比于在公司的资历长短，个人的能力高低将会得到更多的重视。转职跳槽将成为常态，也会有越来越多的人选择创业。伴随着信息化社会的发展，不仅员工的工作表现会受到更严格的评估，他们的生活方式也会更受注重。评判一个人的时候，头衔不会再那么有用了。

　　当今，人们在食物、服装、住所、娱乐等方面有了非常多的选择。每个人在这些方面做出怎样的选择，很大程度上反映着他们的生活哲学。这可以说是个体个性和人格的体现。我们在日常生活中无时无刻不在通过我们的举止和选择向别人传达我们是什么样的人。我们向别人传达的信息将会成为别人评判是否能够信任我们的依据。人们会更愿意去信任和亲近那些能活出自我、能快乐地度过每一天的人。过去，为了工作而牺牲个人生活也许会得到正面评价，但以后这样的生活方式可能会得到负面评价，因为它不符合可持续的工作方式。我们需要思考的是，我们以后想要以什么样的方式生活，为此我们应该去做些什么。我们不仅要去思考这个问题，还要用语言表述出来。这将为我们的人生带来很大的帮助。

怎样吃：
怎样吃最能体现你的生活方式

吃饭和我们的未来有着最为密切的关联。

我一直以来都非常重视吃饭和烹饪。即使现在，我基本每天都会下厨房去做菜。这是一天中最令人愉快的时间。也许是年龄的关系，我的饭量不如以前那么大了。如果一顿饭吃得太多，我就会产生疲劳感。消化食物是需要消耗很多能量的，吃得太多会导致积食和犯困，所以我会注意吃饭时不吃到全饱，而只吃到七分饱左右。我心中有一个合适的体重标准，如果超过这个体重，会感觉身体笨重；如果低于这个体重，人又会变得没有精气神。为了保持这个体重，我会坚持适量饮食。经常会有人觉得我"吃得好少啊"，但我并不是在刻意地节制饮食，而是在遵守经过试错找到的适合自己的饮食方式和合适的量。

在饮食这件事情上，每个人都有自己的习惯。有些人的理念是"只要能吃饱就行"，也有些人的理念是"要在吃的时候吃自己喜欢吃的东西"。重要的是用让自己感到舒适、没有压力的方式去饮食，但是你也可以通过改变自己的饭量、用餐时间和方式来养成更适合自己的饮食习惯。我就是进行了很多尝试后，发现适合我的是每天吃两餐——早餐和晚餐，然后中午偶尔吃点三明治或饼干。我每天将早餐定在早上6点，晚餐则定在下午5点。虽然下午5点吃晚餐对上班族来说有些困难，我并不推荐这么做，但重要的是每天都按时吃饭。

我不觉得肚子空空是一件痛苦的事情。我的肚子基本上一直都是空着的状态。从某种意义上说，空着肚子能让身体得到休息，因为已经完成食物的消化，身体没有了负荷，会变得很舒服。我很少吃零食。很多人会在肚子空了或嘴巴闲下来时就去找一些零食吃，但是我能轻松忍住这样的冲动。这也是一种习惯，如果下定决心不吃零食，就不再觉得需要忍耐了。

经常听别人说自己会在不知不觉间吃得很饱。为了不浪费食物，我们不如一开始就少做一些，这也是饮食的习惯。我一直坚持七分饱的原则，所以逐渐掌握了做饭的量。而且我吃饭的时候会很注意去品味食材，这也很重要。

在晚餐后，我喜欢吃甜点。这对我来说是必不可少的。我会吃羊羹、甜纳豆、巧克力、芝士蛋糕、水果等，每天都有所不同。我总是能在甜点中找到幸福感。为了饭后更好地享受甜点，这也是我只吃七分饱的原因之一。饮食习惯是一个人生活方式的重要体现。

衣着打扮：
不去刻意地纠结衣着打扮，能为内心带来平静

　　我几乎每天都穿着风格差不多的服装。服装是我们向周围人传达信息的重要途径。华丽的服装或时尚的服装，会向别人传达不同的信息。人们会从我们的穿搭中读取这些信息。我却从不知何时开始，觉得不用特意去注意这些通过我们的穿搭而传递的信息，因为真正的主角不是身上的衣服，而是我们自己。

　　我觉得穿衣服只要能让自己觉得舒服又不失礼就好。我喜欢穿着很舒适的衣物，尤其是棉质的衣服，颜色上则是以深蓝色或灰色为主。我因为有这样的喜好，每天都自然而然地穿着类似的衣服。

　　当然，注意场合也是非常重要的。在和别人见面时，我会考虑自己的穿着是否得体。然而，如果做得过于刻意，我们的心思就

会被对方看穿，我就曾经遇到这样的事情。有一次我和一位企业家见面，为了表示尊重，我特意穿了一身西装。但他一见到我就这样说："松浦先生，你平常肯定不是穿成这样的吧。"如果我们穿着很不习惯穿的衣服，对方很容易察觉到其中的违和感。我觉得与其被对方看透我们的心思，不如不去勉强自己穿那些衣服。在那件事情之后，哪怕预计对方会穿西装，我也只会在平常的穿搭上增加一件外衣而已。这样我能更轻松，也能更自信地表现自己。

虽然现在的时尚潮流让人目不暇接，但是人们反而不再那么重视时尚了。虽然我们会称赞那些引人注目的穿着打扮"很酷""很可爱"，但是我们很少称赞它们"美"了。我认为，**只有选择了高品质但依旧注重朴素的打扮才会被称为"美"**。

"美"这样的词语，不仅仅被用来形容一个人的穿着打扮，还包括了对那个人的生活方式和作风的评价。我们的穿着逐渐和我们的日常生活融为一体了。对于衣服，我重视两个方面：一方面是要适合我的身材，另一方面是要清洁。我追求的是一种干净整洁、不引人注目的着装风格。

住所：
住所是让我们每天都想回去的、安心的地方

我的家是最能让我放松的地方。我也很重视在家中创造一个舒适的环境。我尤其注重保持门厅、厨房和卫生间的清洁。因此我每天都会认真清理厨房、厕所和浴室。无论住宅简陋还是豪华，只要门厅、厨房和卫生间能够保持整洁，就能让人感觉很舒服。

我还记得小时候我母亲认真地擦窗玻璃的情景，我们家的窗玻璃因此总是闪闪发亮，厨房和卫生间也一直保持得很干净。哪怕是只有半个榻榻米大小的门厅，我母亲也会每天认真地去打扫。当时我们一家四口住在一个小公寓里，但是因为我母亲的细心打理，我感觉生活十分富足。**仅仅是清洁卫生，就能让家成为我们的安乐窝**。

如果我们稍微扩大一下居住场所的概念，就衍生出了住在哪里、住哪种房子等一系列问题。这些取决于家庭、工作以及收入等诸多因素。虽然很难做到方方面面都理想化，但我们还是需要认真地思考，要创造怎样的环境才能使自己好好地放松。就空间而言，有些人认为宽敞的环境更让自己安心，有些人则喜欢狭窄一些的环境；就氛围而言，有些人喜欢热闹一些的地方，有些人则更愿意住在安静的地方。小有家资的人会注重住处附近的设施是否完善，而大公司的经营者可能希望住得偏远一些，从而得到更多的空间来缓解压力。

在选择住处时，还需要注意和周围人的关系。只要我们关闭家门，我们的家就成了我们自己的世界。因此，我们在这个环境中很容易变得无所顾忌。但是家门另一侧依然是他人的世界。虽然是在自己的家中，但这不意味着我们在那里有绝对的自由，比如在住户密集的公寓里大声地弹吉他，就会吵到别人；再比如烘焙咖啡豆会产生浓烟和很大的味道，也要克制一下；再比如半夜使用洗衣机或吸尘器也会制造很大的噪声。总之我们需要记住，我们的生活始终与他人的生活紧密联系着。

娱乐：
娱乐是我们工作的动力和养分

在日常生活和工作中，各种各样的事情轮番登场，让我们一次又一次地把娱乐活动搁置。我们变得不愿意去主动地做事情，觉得什么事情都很麻烦，最后干脆连节假日都待在家里度过。我能理解"累到懒得玩"的心情。如果可能，我们应该在感到疲劳之前就去娱乐。我们投入娱乐时，能获得无法通过其他方式获得的发现和启示。在累到无法娱乐时，我们是很难有良好的工作效率的。这也许听起来很理想主义，但我们要去做的并不是什么特殊的、奢侈的娱乐，只要是一种能让我们感到快乐、沉浸其中的娱乐就好，散步、阅读和听音乐都是很好的娱乐项目。**"累到懒得玩"的想法只会将我们进一步逼入恶性循环的深渊**。

那些在星期日尽情娱乐的人，当你在星期一遇到他们时，会发现他们都充满活力，也从不缺乏话题。当他们谈论在公园的野

你啊，内心戏超多：停止精神内耗的 65 个习惯

餐或参观过的艺术展览时，他们的热情能把人们聚集在一起。我们可以通过分享自己的发现和启示来结交更多的朋友。这些在娱乐中获得的刺激将成为我们工作的动力。

娱乐是一切发展的起源。从古至今，人们都是通过娱乐来学习的。娱乐是专注和放松的双重体验，我们甚至可以通过娱乐学习到成功与失败、领导和配合。我们在娱乐中时而依靠直觉，时而深思熟虑。这些都是娱乐带给我们生活的养分。

整洁的仪表：
整洁的仪表是对社会的最大尊重

注意个人仪表整洁是非常重要的。虽然我们一直希望能不受外界环境和别人眼光的约束，但是我们要时刻保持对社会的尊重，避免做出让他人感到不愉快的事情。"衣、食、住"是个人的事情，但这并不意味着我们怎样做都是我们的自由。只要我们认识到我们还是社会的一员，就应明白什么是可以做的、什么是不能做的。

在个人形象方面，我最注重的是保持清洁。我每隔十天就会去理发店理发，每隔三个月就会去牙科诊所洗牙，每个月去做两次身体护理和保养。要在头发变长之前去理发店，在牙齿出问题之前去看牙科医生，在身体出现问题之前去做保养。我一直雷打不动地坚持着这些习惯，因为我认为这是维护个人形象的基础。

人们不会仅靠外观来评判他人，而是通过对方整体的状态来做出综合的评价。我认为健康最能引发信赖和传达可靠感。越是年龄大了，我们越要花心思来保养自己，并时刻保持整洁。我们只要一松懈就会立刻显得邋遢。别人永远会比我们先察觉到这一点。除了保持清洁，我认为最重要的仪容仪表还有发自内心的真诚笑容。

不简单的5个健康生活习惯

第 6 问：
弥太郎先生，我现在每天都觉得无精打采，身体也越来越差，这怎么办啊？

要想健康，需要先了解自己。只有在很好地了解自己后，我们才知道怎样健康地生活。

我们身体的健康支撑着我们每天的生活，无论工作还是娱乐都是如此。然而，人们往往轻易地牺牲自己的健康。很多人一忙起来就会牺牲自己的睡眠时间，也不再去关注自己的饮食。他们明明知道缺乏运动有害于健康，却迟迟不去行动；明明知道吃零食有损于自己的健康，却不控制自己不去吃。也许因为这些行为并不会立刻对健康造成影响，所以人们常常会掉以轻心。但是，身体的负担总会在某个时刻显现出来，比如容易变得疲劳，失去做事情的激情，严重时甚至出现肥胖和高血压症状。年轻时，当长辈们告诫我"不要勉强自己"时，我总是感到难以理解，会觉得"这些事情完全算不上勉强"。我那时候有充沛的体力，而且最重要的是我有很强的适应能力，休息一下就能驱散疲劳。但是现在，我理解了长辈们话中的意思。如果过于依赖和勉强自己年轻的身体，我们的生活节奏会被打乱，过度的压力会扰乱我们心灵的宁静。从长远来看，这些勉强身体的行为完全是得不偿失的。如果我们持续地勉强自己的身体，我们的身体就会明显衰老下去。健康的状态需要让我们的心灵和身体始终保持放松和有张力，让我们能自由地做自己想做的事情。一个健康的身体使我们得以哪怕遇到预料外的情况，也能灵活地应对。哪怕生病了，只要我们及时、妥善地应对，我们仍然可以让自己的身体恢复健康的状态。为了以后能一直保持健康，让我们从身边的小事做起吧。

健康：
今天的自己决定了明天的自己

　　良好的日常习惯是健康的基础。良好的习惯会让我们的生活保持良好的节奏。运动员都很重视习惯，因为日常的习惯与他们在比赛中表现的好坏有直接联系。对于那些有慢性病或身体较弱的人来说，他们也有一套使自己感到舒适的日常习惯和心态。

　　首先要考虑的方面是饮食。早餐是吃得饱一些身体会更舒服，还是吃得简单一些更好呢？什么样的饮食习惯更适合自己？如果还不清楚的话，可以先试一试晚餐不摄入碳水化合物、一天只吃两顿饭、不去吃零食。我们要在尝试中找到适合自己的饮食方式，然后将其变成习惯。

　　睡眠也是一样的。你需要明确什么时间睡觉、什么时间起床。一般来说，早睡早起被认为是健康的，但重要的是找到适合自己的模式。一旦形成习惯，身体就会记住这种模式。也许你晚上很难入睡，不要着急，即使这样，每天也要同一时间上床睡觉。不要因为无法入睡而懊恼。只要保持早上在同一时间起床、同样的时间进餐，身体就会逐渐习惯。仅仅确定睡觉时间很难确立固定的生活节奏。我们应该结合固定的饮食习惯，然后尽量搭配一些轻度运动，来形成一个良好的生活习惯。

我们今天忽视健康的行为必然会让明天的我们受苦。有些人可能会从不健康的行为中感到快乐和自由，但是他们迟早会后悔。你今天的饮食、睡眠和生活方式将在几年后反映在你的健康情况上。如果考虑到自己几年后的生活，就会明白保持健康才是真正的自由。为了保持健康，从生活习惯入手很重要。我们的健康会随着周围的环境和年龄的增长变化。如果觉得现在的生活方式不符合自己现在的情况，我们也可以逐步进行调整。

散步：
散步让我们的生活清爽而富有灵感

我每天都会花时间散步。散步可以让我的身心放松，尤其是在办公桌前坐了一整天后，散步的效果更明显。散步的时候，我的五感会被激活，我会对周围的很多事物进行观察，比如"天气变热了呢""这种服装正在流行吗""大家都很忙呢"等。我们在散步时可以观察到很多信息，能更好地了解身边发生的事情。

散步也能缓解我们的烦恼。相比坐在桌前，散步时我们的心灵和头脑更加活跃。这大概是因为散步时我们更放松吧。**在外面散步时，我们常常会灵光一现地想到解决烦恼的方法，烦恼也会因为这些"灵光一现"变得不那么沉重。**我基本上每天都会散步两次，每次都步行一万步左右。白天我会安排日程为自己创造散步的机会，比如步行去开会，或者步行一站路的距离等。我每天晚上在用餐后大约会散步一小时。由于每天走相同的路程，我能从散步中很好地了解自己的身体状况，比如今天上坡时觉得很累，比平时出了更多的汗等。在散步过程中，晚饭的食物得到了消化，散步结束后就会觉得一身轻松，所以晚上也能很好地入睡。总之，散步是很好的日常活力补充方式。我非常推荐大家将散步作为每天的放松方法。

保持节奏：
一丝不苟地以相同的节奏生活

保持规律的生活是健康的基础。我的日程安排在工作日和休息日都是大致相同的。我每天的起床时间大约是早上五点，夏天会稍早一些，冬天则会稍晚一些。我每天六点吃早餐，八点开始工作。上午是我最能集中注意力的时间段。中午我不吃午餐，而是会安排一小时左右的午休时间。每天的工作差不多会在下午四点结束。我保持每天只工作八小时。结束工作之后，我就去准备晚餐，并努力在下午六点前吃完晚餐然后就出门散步大约一小时，晚上十点左右上床睡觉。这已经成了我每天固定的生活节奏。

这样的生活节奏是我在尝试了各种节奏后，从中发现的最高效和最能保持专注力的时间安排。我只要保持这样的生活节奏，每天即使不设闹钟，早晨也能在大致固定的时间自然醒来，晚上也会在大致相同的时间感到困倦。因此，我的生活每天都非常平稳、令人安心。或许你会觉得这样一成不变的生活很无聊，但实际上并非如此。规律的生活比你想象得更有助于自己应对各种变化和发挥能力。保持规律的生活并不是一件难事，并能为我们的生活带来巨大的好处。我们会从每天固定的节奏中收获安心感，也能在工作中持续稳定地高效发挥。即使遭遇紧急情况，我们也能应对自如。

我并不是说要严格、刻板地遵守自己的生活节奏而不顾及其他方面。假如和别人约定了吃饭，就不得不改变自己平常的用餐时间；如果会议时间被延长，就不得不比平时晚一些睡觉。这些情况都是不可避免且不会因为我们的意志而改变的，所以没有必要为了这些情况而苦恼。只要我们已经习惯了固定的节奏，即使偶尔节奏被打破，也可以很快恢复过来。

然而，如果生活节奏连续地被打破，恢复起来就会很困难。因为如果破坏了节奏，身体就会感觉不适，也会产生额外的压力，所以我尽量避免大幅度地打破规律。需要每天去公司上班的人可能无法像我一样在下午六点前吃完晚餐。有些职业的从业者可能也无法做到早睡早起。重要的是根据自己的情况选择适合自己的生活节奏。**通过规律的生活建立起来的稳定的生活节奏，对我们的身心来说才是最舒适的。**

注意休息：
注意休息，哪怕只是做个深呼吸也好

为了保持健康，我们需要注意许多事情，其中之一就是要在感到疲劳之前休息。对许多人来说，这是一件看似简单却总是会被忘记的事情。我想大多数人如果不感到疲劳，就不会去休息。越是疲劳，我们的身心就越喜欢"逞强"。人们往往不愿意承认自己疲劳，总是会说"还好""我还能继续努力下去"。

即使没有疲劳，也应该注意休息。我们不应该因为觉得还不累，或者因为很忙，就把我们一天的时间安排得满满当当。我们应该提前给自己安排休息的时间。首先，我们应该确保自己每天都能在用餐和睡觉时得到休息；然后，确定每周何时休息或一年中何时休息。在此基础上才去安排工作的时间。

至于如何休息，应因人而异。有些人喜欢去户外运动，有些

你啊，内心戏超多：停止精神内耗的 65 个习惯

人则喜欢待在家里。有的人心灵容易疲劳，也有的人身体容易疲劳。每个人都应该有适合自己的休息方式。休息的目的是让自己的身心彻底放松。最简单的休息方式，或者说最便捷的休息方式就是深呼吸。深呼吸能让我们的身心得到短暂的休息并以惊人的速度恢复。只要慢慢地、反复地做深呼吸，就会有效果。在忙碌时，更要注意放松和保持冷静。我们放松、冷静的态度能够缓和周围紧张的氛围。通过休息，我们可以让身心不被疲劳拖垮。**善于休息是成功的关键。**

保养：
保养是让自己内心踏实的紧急处理方法

保养是指维护或护理，相当于英语中的 maintenance。无论"保养汽车"还是"保养皮肤"，都是指花费一些时间和精力，采取一些行动来保持更好的状态。你知道应该如何保养自己的身体和心灵，从而使自己的身心一直保持整装待发的状态吗？

我为了保养自己的心灵做了许多事情，其中最重要的是保持阅读的习惯。我是一名作家。在进行职业写作时，我通常会收到与之相关的委托要求，比如"请以某个主题，在某个时间之前完成写作"。在 30 多岁的时候，我几乎每天都要赶截稿日期。这些截稿日期简直像体育比赛一样定期循环往复。我每天都不断地写作，夜以继日地写作。我一边构建理想的写作风格，一边不断地坚持写作。然而，虽然属于我自己的写作风格在不断地形成和凝练，但是我写得越多，我的写作风格却越脱离我的掌控。有时候，我会为了让文章更好而做画蛇添足的事情，结果扭曲了文章原本该有的样子。就是在这样持续不断的写作中，我逐渐失去了让我感到舒适的节奏。

每当这样的事情发生时，我都会通过阅读来保养自己的内心。我会选择一本能当作典范的图书，平静地去阅读。这样一来，我就能重新回归自我，继续从容地面对写作了。

也是因为这样的习惯，我的书架上摆满了此类著作。在翻动书页的过程中，我的内心会逐渐平静下来。触摸着纸张，目光追随着印刷的文字，一种舒适感油然而生，仿佛作者就坐在我面前一样。**即使只是短短 10 分钟的阅读，我的心灵也能得到充分的保养。**

如何去保养心灵和身体是因人而异的，只有自己才能明白什么是最适合自己的。去尝试一下吧，你肯定也能找到适合你自己的保养方式。

第 7 章

不约束自我的5个安心习惯

第 7 问：
弥太郎先生，怎样才能消除我内心的不安呢？

只要对事物抱有感恩的心，内心的不安自然就会消散了。

我们怎样做才能使内心踏实并充实地度过每一天呢？我们每个人心中都会有一些不安的想法，比如"我将来会怎样呢""如果我生病了就不妙了""我还能继续做这份工作吗"。这些对生活的不安感会让我们每一天都在烦恼中度过，我相信没有人可以完全回避这些烦恼和不安。

哪怕是生活中一些小小的事情，也会对我们的情绪造成影响，使我们的情绪时好时坏。在这样的心态下，我们就很难内心平静地专注于某件事。这种情况是有办法改变的。只要我们在这些小事情上不去想得太多，不去斤斤计较，就能变得轻松。让我们养成一些使我们每天都保持内心平静的习惯吧。

坚持 ①:
坚持是我们的自我约束

为了能保持自我，我们必须遵守一些东西。我们遵守的这些东西定义着我们是谁。要想得到内心的平静，我们需要坚持自己的理念。我们能否守护住对自身的认同感，并不取决于我们是否出色，也不取决于我们对社会有没有用处，而是取决于我们是否能坚定地相信自己的理念到最后一刻。这也意味着我们在事情上需要有自己的看法。能证明我们存在于社会中的，是只属于我们的自我认同。

自我认同也可以被称为生活哲学。换句话说，它是我们作为人的"理念"。举个例子，我的理念之一是"诚实、善良、微

---

① 日语原文为"守る"，它在不同语境和搭配下对应中文的坚持、遵守、坚守、守护等词意。——译者注

你啊，内心戏超多：停止精神内耗的 65 个习惯

笑"，并将其放在自己的核心理念位置上。这也可以说是我自身力量的源泉。当我们怀揣着理念踏上人生的旅途时，这些理念会在人生旅途中为我们提供决心和信念。除了理念，我们还有其他需要遵守的事情，那就是承诺。承诺可以是与自己的承诺、与他人的承诺，以及与社会的承诺。**每个人都应该有需要遵守的东西并持之以恒地去遵守**。我们身上是否有需要遵守的东西？这个问题值得我们仔细思考。我们应当在生活中牢记承诺，并努力去履行它们。

亲自接触：
带有温度的实际接触为我们带来内心的踏实感

人与人之间相互肢体接触的机会已经变少了。因为卫生的顾虑，我们已经习惯于尽量少去用手触摸周围的人和物品。实际上，很多事情只有通过身体接触才能感受到或传达给别人。仅仅用眼睛看和实际去碰触、去摸之间的差异是巨大的。举个例子，只有实际用手来回掂量并使用一个工具，才能确认它是否趁手，仅仅凭观察是得不到这样的信息的。

内心的踏实感是只有通过身体的真实接触才能得到的，比如毛巾或毯子的触感能让我们感到内心踏实，我相信很多人对此深有体会。

"接触"与"触碰"是不同的。"触碰"是一种单方面的动作，而"接触"是通过双方之间的互动产生的一种交流，不论对方是一个物件还是一个人。只有双方都参与其中的才是互动。如果人与人不局限于见面，还能通过握手让双方感受到手掌的触感、温暖和力量，他们对彼此的印象肯定会更深。夫妻或恋人之间会通过牵手、互相搀扶、相互依靠来确认彼此的感情。人们常常通过抚摸来获得安心感，无论虚拟世界如何发展，这一点都不会改变。**相互接触中产生的温度感和我们内心的踏实感是息息相关的。**

耐心培养：
持之以恒，集腋成裘，然后变强

"培养"的意思是从根本开始培育，使其如同一株植物一样生长。人生中有许多宝贵的东西只有花费了相当多的时间才能获得，比如信任。你是不是更容易对面带微笑的餐厅员工或每次遇见都向你致以爽朗问候的同事产生信任？"经常微笑""可靠""心存感激"，这些态度都能让我们的内心感到踏实。人们在相处中会对身边一直保持积极态度的人产生信任。这些只有花费时间才能建立起来的信任也会为人们带来安心感。

自信也是如此。也许刚开始工作的时候很难拥有自信，但是如果持续地在同一项工作中投入一年、两年甚至三年，就能稳稳地建立自信了。这种自信不仅包括对自身技能的自信，还包括在面对困境时能保持从容的自信。无论在与人交往中还是在工作中，只要我们肯耐心地花时间，从最根本的事情做起，在一点一滴中逐渐积累，然后把这些点点滴滴连成向上的线，我们的内心自然就会感到踏实了。**只有建立在这样不懈努力之上的安全感才是最踏实、最可靠的。**

当我们刚开始做某件事情时，只要怀抱"培养"的精神，就能内心踏实地面对它。这是因为我们能想象到在一步一个脚印地向前探索和迈进后最终会收获成果。即使现在是技艺生疏的新人，我们也会相信"在一年之后自己一定可以做好"。这样的想象会成为我们的力量。我们也不会被"这样做的意义何在"之类的问题扰乱心神了。

在日本有一句格言"在石头上坐三年就能焐热它"。这句格言有时被解释为"要想办成事情需要先忍耐三年"，有一种韬光养晦和卧薪尝胆的意味。但实际上它传达的意思是"无论做什么事情，都不能一蹴而就，需要花费相应的时间"。为了完成我们想要做的事情，我们首先需要学会相信。如果对所有的事情都一味采取怀疑的态度，那么事情就很难取得进展。无论是人际关系还是社会地位，只有对已经存在的事物抱有信任，我们才能建立起信念。这样建立起来的信念不会轻易地崩溃，而会随着时间和努力变得坚固。只有这样，我们才会发自内心地坚定信念，才能感到安心。

不去追求：
不要期待回报，不要计算得失

西方有一个古老的短语叫作"给予与接受"（Give and Take）。这个短语中蕴含着相互给予、相互礼让、相互支持的美好思想。我们不应该把它理解为"我给了你东西，你就必须给我东西"的追求互不相欠的关系。这个短语描述的是一种人与人之间和谐包容的心态，我们不应该从字面上片面地将它理解为利益至上的钩心斗角和算计。它提醒着我们不要忘记从别人那里得到的恩惠。

言归正传，别人并不是理所当然地为我们做事情。即使期待伴侣会在我们生日时做些什么安排，我们也无法确定会发生什么，过高的期望会使我们在生日临近时感到不安——"是真的有计划吗""会不会其实是忘记了呢"，一旦陷入这种思绪，本应愉快的生日就只会为我们带来痛苦。若我们对一件事情抱有过度的期待，我们不仅无法享受它，还可能因此产生压力。这对我们维持人际关系的稳定是没有益处的。

在工作中，当我们为他人做了什么事时，比如帮助有困难的人或体贴地帮别人处理了某件事情，我们内心是否期待对方会感激我们呢？我们是不是一开始的确出于善意，但后来就忍不住地担心自己的努力是否不被对方知晓呢？如果对方是一副不知道的样子，有些人可能会为此感到生气，认为对方至少应该说一句"谢谢"。但事实上，没有回应才是普遍的情况。重要的是不要抱有期望。如果我们过于在意对方的反应，受苦的将是自己。我们要学会不去抱有期望。

我相信对方是注意到了我们的帮助的。他们表面上一副没有察觉的样子，并不一定是他们没有心怀感激。他们对我们的帮助很清楚，感激着我们并对我们的帮助感到开心。然而，很多人并不会通过态度或言辞来表达他们的感谢。虽然我个人在受到别人帮助时总是会尽量向他人表示感激，但如果强求别人也这样做就很自私了。

即使如此，我仍会继续帮助他人。只要做到自己力所能及的事情就好。使内心平静的秘诀就是不去追求回报，也不去计较得失。这样我们就能不被得失左右，达到"付出无所求"的境界，全心全意地做自己。**保持不从他人那里追求什么的心态，我们的内心自然就安定了。**

把握状况：
看清事情的本质

要想保持内心的平静，把握清楚情况是最有效的方法之一。例如，对于那些对健康状况感到不安的人来说，通过体检等方式来了解自己的身体状况，可以让心里获得平静。虽然有人担心一旦了解真相会感到不安，但如果对状况一无所知，则更无法消除不安。

如果对未来的经济状况感到不安，就应该去了解清楚自己的储蓄金、养老金以及未来需要多少资金。这个消除不安的方法的困难在于，我们如何去了解情况和收集信息。各种各样的信息会从不同的渠道发布出来，其中肯定有不实的信息。即使是不实的信息，也可能得到很多人的支持，所以我们需要注意甄别。如果为了消除不安而去追求过多信息，可能会让我们陷入更深的不安。

在收集信息时，保持客观的态度非常重要。我们要了解是哪些人发布了什么样的信息，是哪些人支持这些信息，有哪些证据作为支撑。通过这样的总体观察，我们才能最终把握状况。把握状况并不仅仅意味着收集信息，而是需要我们去分析、评估形势，看清事情的本质。我们不应该只依赖互联网，还应阅读大量资料，去综合别人的意见，并最终进行自我思考。

无论是在工作中还是在生活中，我们经常在遇到问题时感到焦虑，变得不知所措。这种情况下，我们应该首先了解当前的状况。一旦了解清楚状况，就能想清楚应对的办法了。无论发生什么事情，都不要陷入情绪化或沮丧的状态，而要努力弄清楚状况。只要保持这个意识，我们就不会因为焦虑而陷入手足无措的状态了。**只要我们能冷静地了解情况，大多数情况下就能转危为安了。**

第 8 章

不恐慌的5个持续学习的习惯

第 8 问:

弥太郎先生,学校中的学习和生活中的学习有什么不同呢?

学校中的学习是为了记住知识,生活中的学习是为了扩大生活的范围。

我们并不仅仅是为了取得学历而学习，也不单单是为了满足求知欲而去阅读感兴趣的书籍并获取知识。学习并不一定是要从别人那里获取知识，知识的来源也可以是我们自己。我们通过体验去了解某种事物也是学习；对某些事物心存质疑，最终有了自己的新发现也是学习；直面自己的内心也是学习；甚至经历失败也是学习。归根结底，我们人生的方方面面都是学习的一部分。

然而，随着我们年龄的增长，学习变得愈加困难。为什么会这样呢？人类从出生到能独立生活，在整个过程中都是不断学习的。小时候，我们观察和倾听，感觉一切都是新奇的，像吸收生存所需的营养一样吸收新知识。然而，当达到一定年龄时，我们往往会误以为不需要再学习新东西就可以生活下去了。长期的生活经验让我们变得自满，认为自己已经有能力处理好一切，或者无论结果如何自己都能应对。这实在是一件令人唏嘘的事情。

在这个变化迅速的时代，享受当下已经变得越来越困难。这虽然并不意味着时刻都要掌握最前沿的信息，但我们至少要保持好奇和开放的心态，遇到觉得有趣的事情时，仍然能像小孩子一样去接触、了解然后掌握它。为此，最重要的条件是保持内心的纯真和真诚，保持一颗能被触动的心，而不因为自己已具备某些能力而变得自以为是。只要保持纯真的内心，我们就会对邂逅感到惊喜，并对所经历的触动心怀感激，而这种感激之情会让我们更多地去学习。我们如果能做到这一点，就可以不断地成长和保持蓬勃朝气。

我们不应该变成水泼不进的"傲慢石头"，而应该像吸水的海绵一样虚心地向别人请教和学习。只有这样，我们才能获得自己没有了解到的消息和知识。不断学习的人是永远在改进和提升的，他们和在人生某个时刻放弃学习的人之间的差距将不断扩大。如果哪怕是悲伤、痛苦和困难的经历，我们也能从中学习，我们的人生将永远充满希望之光。这就是那些无论年龄有多大，仍然能保持旺盛朝气的人的秘诀。

挑战：
在挑战中发现新的自己

让我们一次次地挑战自己吧。挑战并不只包括那些突破我们的极限，让我们感到痛苦的挑战，把自己一直喜欢做的事情做得更好也算一种挑战。因为我们喜欢做这件事情，所以哪怕它是挑战，我们也能从中收获快乐。只要抱着"让我来挑战一下"的念头，我们就能学习到新的本领，甚至会更加喜爱这件事情。我们并不需要为自己设定太远大的目标，也不必特别设定截止日期，在原来的基础上向前迈出一小步就足够了。试着在脑海中勾勒出自己想要成为的模样，然后向改变自己的目标发起一次又一次小小的挑战。如果你喜欢跳舞，就试着挑战随着不同音乐的节拍跳舞；我们家里都堆放着几本厚重的、买来后就基本没有读过的书吧，为什么不试着挑战自己去读一读它们呢？**这些小小的挑战对我们来说是很好的刺激，它们不仅能为我们带来惊喜，帮助我们转换心情，还会让我们的感知力随着好奇心范围的扩大而提高。**

这些打破我们常规生活圈的新事物最能牵动我们的心，带给我们触动。

　　勇敢地开启新事物的大门对我们来说也是一种挑战。我们总是不知不觉地将我们的生活变得循规蹈矩，只是重复着我们能预见结果的事情。这样循规蹈矩地生活的确能让我们感到踏实，但这种踏实并非真正的踏实，只是躺在舒适区中感到的轻松而已。我们会在这样的轻松中逐渐退化，迟早会为之付出代价。例如，我们在写信件和写文书的时候，总是会套用常规的模板。我们内心清楚，只要按照这些模板，按部就班地填入内容，就绝对不会出错。这样写出的文书基本能得 80 分，这是最为安全的做法。然而，如果每次都循规蹈矩地按照模板填写，我们真的能有所提高吗？我们能从中收获新的发现吗？我们真的能拥有成就感吗？如果一味依赖常规的方法，我们不就白白放弃了原本可以挑战和提高自己的机会吗？就我个人而言，我总是希望能走出自己的舒适区，去挑战自己。如果一次又一次地重复已经知道结果的事情，怎么能提高自己呢？当我尝试去做一些全新的事情时，我可能会失败，也可能会遭受损失和感到沮丧。然而，挑战难免伴随着失败，关键在于我们应该如何去看待这些失败。是将它们视为学习的机会，还是仅仅沮丧地承担损失呢？"我做了一些多余的事情，因为挑战而蒙受损失。"这样想的人，可能就丧失了再度挑战的勇气。如何运用挑战的力量，完全取决于我们自己。

我相信，只要不断挑战，每个人都可以成为自己人生的操盘手。虽然说随着年龄增长，我们难免会回避风险太大的挑战，但是我们仍然应该不断地挑战自己。在挑战自己的道路上，我们能发现新的自己。因此，我一直都想挑战自己。我希望在不断的"折腾"中，成为一个永远挑战自我的人。让我们勇敢地挑战自我，随时保持学习的姿态吧。

沉稳和耐心：
不要急于寻找答案

如果真心想学习，就不要着急和慌张，试着耐心而缓慢地去推进。最近，快速学习的方法论似乎越来越被推崇。这些方法论的推崇者常常会打出"一个月精通英语对话"之类的标语。然而，如此匆忙地学习，其后果往往是白白浪费时间。相反，如果能沉下心来，耐心地去琢磨，学习效果反而是最好的。这是为什么呢？

在匆忙中学习的东西很快就会被遗忘。你是否有过这样的经验：在考试前通宵学习的内容，在一周后几乎就被忘得一干二净？

当我们学习某样东西时，我们会从学习的东西中总结出规律，然后在大脑中建立相应的程序。我们需要反复地练习才能找出规律，同样，在大脑中建立程序也需要相应的时间。虽然每个人的能力有所不同，但是在短时间内完成这些是不可能的。没有总结出规律并建立了程序的知识很快就会被遗忘。我们以后是否能将这些知识活学活用，也和我们有没有在大脑中建立它们的程序息息相关。

学习就像投资，过于急躁的投资者很难赚到钱。在曾经的外汇交易和现在一些投资中都有类似的情况。那些蒙受损失的人往往都是操之过急、太过急躁的投资者。他们因为缺乏耐心，所以没有遵循需要付出长期努力的步骤。无论是学习还是投资，成功与否的分水岭在于花了多少时间。将失败转化为成功的最重要的本钱就是时间。当我们学习某样东西时，不要急于寻求答案。**经过时间和努力所得到的东西是不会轻易失去的，这是事物运行的法则之一。**

去确认：
让自己亲身体验和尝试

现在我们可以轻易地调查大多数事情。只要口袋里有智能手机，我们动一动指尖就可以搜索到各种各样的信息。我们现在可以从各种途径获取答案，无论通过观看、阅读还是聆听。但也正因如此，我们就很少"自己去调查"了。所以，当我们有兴趣或疑问时，通过自己的亲身经历去尝试或验证就成为一种重要的学习方法。即使失败也没有关系，通过我们亲力亲为得到的经验才是真正有价值的。

这是关于我的一位痴迷于马拉松的熟人的故事。他在40多岁时开始了日常跑步练习。几个月后，他被朋友邀请去参加一场全程马拉松比赛。虽然他对完成比赛没有自信，但因为邀请他的那位朋友说"即使走完全程也可以"，于是他就决定尝试一下。实际情况和他预料的一样艰难，最后的10千米他几乎都是走下来的。即使如此，他也没有因为困难而想放弃。他惊讶地发现，长距离跑步所带来的触动和震撼是如此之大，他明白了为什么会有那么多人如此热衷于在这项运动中挑战自己。他说："我从未想过要挑战自己，但是现在我充满了斗志。"从那时起，他越来越沉迷于长跑，现在他已经能在 3 小时内跑完全程马拉松了。

当我们不只是道听途说，而是身体力行地实践一件事时，我们收获的信息量是庞大的。在我们实践的过程中，新的发现和触动将相伴而行，并时刻为我们带来喜悦。这是因为我们接触到了宝贵的第一手信息，即生动的信息。在互联网上阅读别人的马拉松经历可能会让人产生"看起来好难，我还是放弃吧"的想法。然而，我的这位熟人就通过亲身经历，激发了内心的触动和动力。这样的发展甚至连他自己都没有预料到。通过自己亲自验证，事情就会有让人意想不到的进展和转变。

甚至在人际关系中，花时间亲自去打交道、了解对方也是很有帮助的。你有没有观察到这样的情况：当很多陌生人第一次聚会来认识彼此时，他们会形成一个个小团队。这些小团队大多是以那些愿意主动展示自己的知识和经历、十分显眼的人为中心。那些不提及自己的经历，主动选择坐在后排的人，基本不会引起特别的关注，他们只是众多参与者中的一部分。

然而，在团队遇到麻烦时，能够迅速掌握情况并展现领导才能的人往往并不是那些显眼的前者，而是那些容易被忽视的后者。他们能准确地洞察团队成员的个性和能力，给出明确的指令，因此每个人都愿意跟随他们。他们是如何做到这一点的呢？这是因为他们一直都在以客观的视角观察团队里的成员。他们不会完全根据职务或经历来评判别人，而会通过自己的眼睛去验证事实。虽然在团队中会有人轻蔑地对待他们，但这样的行为也许同样成为他们验证事实的证据之一。他们不会展示自己的傲慢，他们和每个人都保持中立、良好的关系。当其他人都沉浸于比较上下级关系而获得优越感时，他们在用自己的眼睛细心观察，所以他们能从整体上看待问题。

不要道听途说就轻易地下结论。不要没有去实际跑马拉松就

你啊，内心戏超多：停止精神内耗的 65 个习惯

认为"长跑只不过是身体上辛苦而已",也不要轻易地认为"这里聚集的人似乎并不出色",而要亲自去验证是否真的如此。**与其匆忙得出结论,不如花时间去验证**。只有这样,我们才能学习到更深的知识,才能攀登更高的山峰。

去质疑：
为了相信而去质疑，然后在质疑中相信

答案并不总是唯一的。很多事情都存在更好的解决方法，就像每个词语都可以有不同的含义一样。就像探讨哲学，一边心存疑问一边持续思考，我们就可以获得新的发现和收获。古希腊哲学家苏格拉底怀疑了"没有比苏格拉底更有智慧的人"的神谕，并一直思考"谁才是真正有智慧的人"。他最终获得的领悟是"无知即智慧"和"要意识到自己的无知"。他得出的结论是"相比于那些自诩充满智慧、实则愚蠢的人，能意识到自己愚蠢的自己确实更聪明一些"。

我们即使每天都同样冲泡咖啡，也要始终保持怀疑的心态并探索是否存在更好的方法，这样，今天的咖啡说不定就比以往的更美味。这些改进可能是因为改变了冲泡方式，也可能是用了不同的咖啡豆或只是自己的心情不同。如果认为"这就是最正确的

方法了"，就永远不会有新的发现。

我每天都沿着同样的路线散步，一边散步一边感受着季节的变换。我经常能观察到昨天和今天的不同之处，比如路上花草的状态或路上行人的服装发生了变化。因为总是能有新的发现，所以同样的路程就变得有趣起来。我们也可以把质疑说成天真无邪的好奇心。好奇心能超越现有框架，为我们带来属于自己的思考。

也许这很矛盾，但质疑和相信是可以共存的。为了相信而质疑，通过质疑来相信，最后在质疑中相信，我们就可以获得更加坚定的信念了。"这样能行吗？""这种方法是不是真的照顾周全了？"先质疑，然后亲自验证，我们的信念就是在这样的过程中变得更加坚定的。最后，需要注意的是，这里的质疑并不是说我们应该时刻都去怀疑别人。在人际交往中，信任是关系的基础。我们不应该刻薄地、较真儿地去质疑别人。

保持自信：
我们时刻都在不知疲倦地学习

我们从出生开始就一直在学习各种各样的事情。有很多事情是只有自己经历过，只有自己能注意到的。虽然这些不属于学问，但是回顾一下，也是很了不起的事情。

然而，当被问到"你知道些什么"时，我们却很难挺起胸膛去回答。我们至今学到的东西、我们所知道的东西，很难用语言文字一五一十地记录，也没办法对其都进行逻辑思考，自然也没办法说出来。

我们也无须向他人解释自己学到的东西。然而，我们不能忘记自己的独特之处，我们拥有许多只有自己学到了的东西。正是凭借这些特有的技能，我们才能一路收获许多喜悦和成功。不仅在公司和学校里，哪怕在家里、在大街上，我们也已经无意识地积累了许多独到的技能和方法。这些技能和方法包括家务、烹饪、人际交往和育儿等许多方面。我们需要认识到，无意识地掌握这么多的技能和经验是多么了不起的一件事。

因此，请不要认为自己是无足轻重的。我们有资格更加自信。有许多事情是只有我们能做到、只有我们能想到的。现在的我们已经不知疲倦地学到了很多东西。在工作和生活中，每个人都会有怀疑自我价值的时刻，然而，无论发生什么，最重要的是始终相信自己的价值。即使其他人已经放弃，我们也要对明天保持信心。**在任何时候，最靠得住的人都是我们自己**。让我们不骄傲、不自满、不盲目，始终珍惜并相信自己吧！

第 9 章

不落伍的5个

工作习惯

第9问：
弥太郎先生，我真的能从工作中收获快乐吗？

大多数工作中辛苦的成分永远比快乐的成分多。但是，即便辛苦，我们也能从中收获许多乐趣。

我希望有一天能用自己的言语来描述"工作"究竟是什么。我一直以来都怀揣这样的想法并做着自己的工作。工作占据了人生的大部分时间，我们工作的理由各不相同，也许是为了生活，也许是为了被社会承认自己价值，也许是为了达成某种形式的成功，也许是为了自己和家人等。然而，也许是因为长大后就工作已经成为现在社会上的共识，许多人甚至从未考虑过自己究竟为了什么而工作。你是为了什么而工作呢？日本普遍的社会观念将工作当成一件好的事情，甚至认为一个人只要能工作，他就不会出问题，无论遇到什么状况都会有转机。这种把工作当成万灵药的观念有时实在让人感到无力。我们都渐渐开始抱着工作能解决一切问题的心态，度过了枯燥的一天又一天。我曾经也是如此。

　　那些知道自己为什么而工作的人，和那些不知道或不愿知道的人之间的差距是巨大的，甚至大到足以左右人生的走向。现在，我认为工作的意义在于帮助那些有需要的人。虽然这个意义比较抽象，但我认为它是相当正确的。因此，重要的是如何将抽象的答案在自己的价值观中具象化。也就是说，如何用自己的话来表达自己工作的意义。而且，我认为只有经历了这个过程，才能找到"成功""幸福"或"安心"的真正含义。

无论是什么样的工作，肯定都是因为人才会产生和存在的。那么工作是如何产生的呢？首先，社会上有一个个活生生的人；其次，无论这些人处于什么样的状态，抱着什么样的想法，肯定都会有想做的事情和需要获得的东西，这些就是需求；再次；在这些需求产生之后，有人会察觉到这些需求并想到了满足这些需求的办法；最后，人们就会为了满足自己的需求而去支付相应的代价和酬谢。工作就在这个过程中诞生了，而且从工作中获得的报酬和感激进一步激励着人们将工作的范围扩大，来满足更多人的需求。大家肯定都会有时觉得工作无聊、工作太累，也会有不想工作的想法。然而，如果想起"工作就是帮助有需要的人"，然后想到"今天我的工作可以帮助到许多人"，是不是就能提起干劲了呢？

"工作就是帮助有需要的人。"请将这个意义套用到自己的工作中，哪怕在自己工作时可能一整天都不会看见任何人，也试着如此思考一下。在这个世界上的某处，是不是有人正在等待和期盼着我们的工作成果呢？那些人正在渴望得到什么样的帮助？我的工作能如何帮助他们或为他们带来什么样的惊喜呢？正是因为一些人在等待和冀望着我们所做的事情，正是因为我们的工作正在为那些人解决困扰和带来喜悦，我们的工作成果才得以诞生。这就是我认为的工作所饱含的意义。

帮助他人：
帮助他人是享受工作的关键方法

"工作就是帮助有需要的人。"这是工作的本质，我想在此再次强调一下。无论什么样的工作，都是如此。

每个人工作的目的各不相同。有些人为了赚钱而工作，有些人则希望通过工作对社会产生影响。然而，工作的本质是帮助那些需要帮助的人。只要记住这一点，我们就不会在工作中忘记初衷。当你思考工作的意义时，请想起那些你帮助过的和期待你的工作成果的人的面孔。对于那些只为了追求金钱和地位而工作的人来说，他们或许比较难以感受到这种帮助他人的幸福感。这也许是因为他们工作的目的背后，除了他们自己就没有别人了吧。

只要将这种"帮助他人"的意识铭记在心，你就能发现各种商机。许多研发者就是因为注意到许多人为处理多余的衣物、餐具、书籍等物品而困扰，于是为这些需要帮助的人们创造了解决这类问题的平台。能否把握住人们的需求点常常决定了商业能不能成功。

随着时代变迁，人们会有新的需求，若不持续观察，不仅会错过新的商机，还可能导致自己在工作中逐渐落伍而被淘汰。举个例子，随着音乐流媒体服务的兴起，大街上的 CD 商店和租赁店数量就大幅减少了。这是因为需要借 CD 听自己喜欢的音乐的人变少了。然而，最近黑胶唱片再次受到欢迎。这是因为有些人觉得流媒体服务无法满足他们的需求，所以开始购买唱片。在创业或寻找工作时，应该始终考虑"这样的生意或工作能帮助他人吗""能帮助多少人"，以及"以何种方式帮助他们"。

即使在今天，每天仍然会产生新的需求。**你工作的成绩，在很大程度上，取决于你是否怀着"帮助他人"的心态**。这是适用于任何工作的基本原则，也是享受工作的关键所在。

做好准备：
精心准备见面礼

当我需要做重要的讲演时，我总是会反复练习，直到做好充分的准备才罢休。这样做是为了让自己心里踏实。我首先会做调查，如果讲演的对象是一家公司，我会查看这家公司的历史和近几年的财务报表，了解关于这家公司的最新消息，思考包括经营状况在内的各种优势、劣势以及这家公司正在专注的领域。我会用笔在重要的地方做好标记。整理好讲演的材料后，我还会用心地对讲演进行排练。我会准备一个秒表，确保讲演能按时完成，比如要求 5 分钟就要在 5 分钟内结束。我会录制视频，然后通过反复观看来检查是否有听不清楚的地方，是否有看起来不自然的地方。只有让自己彻底满意才算完成。有人会问我为什么需要做这么精细的准备，我这样做是为了让自己在正式讲演时感到放松。如果不这样做，我会感到不安，以致无法入睡。对我来说，充分的准备是消除不安的最好方法。

你啊，内心戏超多：停止精神内耗的 65 个习惯

在这样做好精心准备后，我就能坦然面对接下来的讲演了。**因为我已经将能做的事情做到极致了，无论如何都必须坦然面对**。在用尽心思做好准备后，我们还应该注意不要去宣扬和夸耀自己做的准备。因为做这些准备来完成工作自始至终都是我们自己的事情，并不值得去夸耀。而且即使我们做了那么多准备，对方也不一定会选择我们的方案，这也是无法避免的事实。在工作中，事情往往不会顺着我们的心意去发展。我不会因为结局不如意就觉得自己的准备是徒劳无功的。在准备的过程中，我们不仅能学习知识和拓宽眼界，还能亲身感受到对方的反应。这些都是精心做准备的过程带给我们的宝贵机会。

我无论去参加会议还是外出取材，都会花费大把时间进行详细准备。如果是参加会议，我一定会过一遍会议前发布的文件资料；而在选取资料时，我习惯于事先记录下想了解的内容和需要核对的事情。如果我要去当讲解员，即使是参加那些轻松愉快的谈话节目，我也会认真做准备。虽然即兴发言可能更容易给听众带来真实感和乐趣。但是我坚信想让观众享受节目的乐趣，对任何可能发生的情况预先做好准备是不可或缺的。

正所谓"台上一分钟，台下十年功"，我相信即使是那些看起来是随性而为的直播活动，那些主播也都是事先做过精心准备的。只有花费了相当多的时间，才可能获得超越预期的高品质内容。而在工作中，成果决定一切。

哪怕是在人际交往中，我也会花心思做准备。这些准备体现在我对别人的关心上。如果要与别人见面，我会在见面前设身处地地想象对方现在正处于什么样的状况。我会去思考哪些事情会让他们开心、他们可能想知道什么事情、他们想怎样度过这段时光，然后为此选择合适的地点和时间。我总是会准备一些能让对方高兴的礼物，这是我的信条。这些礼物不一定是实物，也可以是一段愉快的对话或是某种共度美好时光的方式，甚至是一个特别的地方。总之，我会花费心思做准备，然后前去见面。

我与我的伴侣相处也是如此。偶尔有机会悠闲地共进晚餐时，如果发现她在关注健康话题，我就会搜集一些有用的相关信息；如果她提到想去旅行，我就会考虑一些目的地作为备选；如果她最近心情不好，我就会查找一些她可能喜欢的电影。我总是会做好这些准备，让我们之间的交流更加轻松、愉快。这样不仅我能更好地了解她的状况，她也会因为感受到我的关心而高兴。这种充满信任与关爱的交流能加深我们之间的信赖。而且，在准备的过程中，我自己的内心也会逐渐变得平静、祥和。

做好计划：
在计划中适当地加入空白，一切都是为了成果和质量

几乎所有的工作都有时间限制，所以需要我们制订具体的计划。在制订计划时，有人总喜欢把日程安排得满满当当，而我总是会留有空白。例如，如果每天工作 8 小时，简单计算下来，可以安排 3~4 个 1~2 小时的会议。以 4 个会议为例，这 4 个会议可以安排在上午 2 个、下午 2 个。但是按照我的标准，每天最多只会安排 2 个会议。

我之所以这样做，是因为希望在会议中取得良好的成果。如果销售工作规定每天拜访 10 位客户，为了按规定完成，必须在规定的时间内完成拜访每位客户的任务。这样一来，即使客户要求对产品进行更详细的讲解，我们也会因为没有时间而无法做出充分的回应。虽然我们可以说"稍后会联系您"，但客户往往希

望能立即得到解答。在工作中能应对突发情况是非常重要的。因此在计划阶段必须留出一定的空白时间。

我在写作稿件时，实际动笔的时间往往只有 2 小时左右，但我会花上 3~4 倍的时间来考虑要写什么。也许有些人可以做到坐在桌前就能流畅地写作，但这不是我的写作风格。所以，大多数情况下，我准备写作的时间比实际动笔的时间更长。写作的稿件也需要时间来"打磨"。刚刚完成的稿件一般比较粗糙，细节方面可能还没有做到完善，所以我肯定会留出一些时间再次阅读和审校。

在这些预留的空白时间中，我会调整稿件的细节，然后才交稿。如果不将这段时间纳入计划，我就会不得不交出未经充分打磨的稿件。这对我来说是有相当大的压力和风险的事情。做好计划真的很重要。如果想将自己的计划付诸实践并产出高质量的成果，关键在于如何预留空白时间。**最理想的时间方案是即使留下了空白时间，最终也仍然充实地忙碌着。**

团队合作：
在同舟共济的欢乐中一同工作

很少有一个人就能完成的工作。我们要完成自己的工作，往往需要与伙伴、客户和合作方等建立紧密的人际联系。几乎所有的工作都需要人与人之间的连接与合作。尽管新闻往往报道一些出色的个人如何实现了商业的成功，但实际上，大部分工作都需要团队合作才能完成。

在团队合作中，成员有共同的愿景和互相交流信息是至关重要的。企业文化中常常说的"报告、传达、沟通、咨询"不能忽视。"其他成员应该已经知道了"是一种很不负责任的想法，需要努力克制。在团队中，不要怕被人觉得唠叨，在其他成员来询问前就主动和他们交流是很重要的。有时甚至应该主动寻求其他人的参与和帮助。当你希望有人帮助你时，你就应该立即与他们进行沟通。

只要身处于团队中，即使遇到问题也不会孤立无援，可以立即做出应对。如果团队的所有成员都了解项目的进展情况，解决问题也会更加顺利。为了避免"我不知道"或"我没听到"这样的情况，无论发生什么事情，团队成员之间都要及时交流、共享信息。创造这样的共享氛围对一个团队来说也是非常重要的。

当然，在取得成功后也要分享成果。或许有时你会不由自主地认为"这是我做的"，但旁观者都看在眼里，因此不必刻意执着于个人的功绩。工作本质上就是如此。没有个人的独赢，也不应该一个人独占全部的功劳和成果。**通过团队合作，与他人分享成果，事业才能不断壮大**。

更重要的是如何进行利益分配。这里的利益不仅指金钱方面的收益，还包括满足感、乐趣、信誉，以及评价等。若是只有个别人或某个特定企业获得了全部的利益和好评，表面上看这些人和企业似乎取得了成功，但这种成功是难以为继的。如果能互相进行信息共享，共同分担工作，利益也应当被视为整体的共同财富并进行公平分配。

迄今为止，日本的制造业一直使用分包的机制来生产产品。所需的零部件都是由下游分包企业生产的，然后由制造商使用这些零部件来完成最终产品。在这样的机制中，上游的制造商总是优先获得所需的利润，从而导致下游分包企业承受了不公平的压力。这个机制问题一直备受批判。

我认为未来的发展方向是，利润会逐渐向过去获益较低的人和企业倾斜，从而创造共赢的局面。这是遵循联合国可持续发展目标（Sustainable Development Goals，SDGs）的思维方式。如果不这样做，真正优秀的产品将难以产生，企业也难以持续发展。即使在个人层面上，这样健康的社会关系也是令人向往的。需要共享的不仅是利润，快乐、满足、成就和认可等，一切都应该共享。这将成为未来团队合作的必备条件。这种思维方式的转变和企业未来的竞争力是息息相关的。

热情：
抱着当事人的使命感去工作

　　这是我在某家公司的会议室里进行大型讲演的故事。我用心地制作了幻灯片，并已经对讲演进行了多次排练，甚至对可能被问到的问题进行了准备。讲演一开始，我就竭尽全力用自己的话语阐述了为什么要推进这个企划，其目的、必要性以及它将如何改变社会。在进入正题前，我就已经全情投入地表达了这些内容。然而，在场的决策者只是匆匆浏览了我的资料，便说"我们明白了，就交给你了"，并批准了这个企划。这真是非常罕见的情况。

　　那时候我并没有明白发生了什么，后来我才明白，真正打动人心的不是企划内容本身，而是我讲演的热情和激情。无论拥有多么出色的企划，若其制定者缺乏热情，也无法激起别人"我愿意把这件事交给他"的感情。如果无法传达出制定企划的人或团队的热情，无论企划有多么完备的理论和数据作为支撑，也很难让人感受到其成功的可能性。当时对于那个项目，我的内心充满了"不惜一切代价去做，必须完成"的热情和使命感。我认为是因为我将这份心情用自己的语言尽情传达了出来，而不局限于简单地讲述内容，所以对方能完全感受到我的激情。就这样，我成了受他们欢迎的合作伙伴。

"对于新的提案，虽然提不出否定的观点，但似乎无法下定决心去实施。"这种感觉在很大程度上是决策者的直觉，而这种直觉通常是正确的。提案的内容可以在之后被多次修改，但参与者的热情是无法被替代的。想象一下我们在听别人做讲演。决策者问讲演人："你为什么想推行企划？请告诉我们你的动机。"如果此时讲演人只是含糊其词，没办法好好回答，只是急着按照幻灯片来演示，靠分发的资料和传单来表达，那么哪怕这个企划再合理、再有潜力，是不是也很难让人对这样的企划产生信心？这种情况下，排在第一位的往往不是企划是否合理，而是参与者是否充满热情。我们都更愿意和那些对工作充满热情的人一起工作。

我们既不是机器，也不是人工智能，因此我们应当重视与他人合作及建立关系。**无论什么项目，都无法预知其能否成功，但能将其引向巨大成功的往往不是机制或结构，也不是理论，而是参与其中的人能否保持强烈的热情。**

在项目中，出现问题是不可避免的，磕磕绊绊也是难免的事情。在这种时候，项目能否成功，取决于团队能否继续保持灵活性，继续保持强烈的热情直到最后一刻。团队中的成员是不是抱着哪怕只剩下自己也不放弃的决心在继续坚持？能否渡过难关，团队的态度可以说是决定性的。决策者通常会根据一个团队有没有这样的热情进行判断。

决策者想要确认的就是这样的热情：这个团队是不是无论如何都想将这个企划变成现实？因为无论在什么样的情境下，无论遇到什么样的问题，团队的热情都是克服困难的关键，所以决策者并不喜欢仅仅通过资料传单了解一个企划，他们更想亲耳听到企划制定者的充满热情的讲演。

再举一个似乎有些偏离话题的例子。在公司内部的会议中，当被问及意见时，最好不要保持沉默，一定要发言。这是身为在场者需要具备的自我证明。虽然有时候有人会回答"没什么好说的"，但是这样就白白地浪费了展现自我的机会。我们也许会担心自己提出的意见是否有价值，但是大家更关注的是我们在那个场合能否展现作为当事人的态度。换句话说，大家关注的是我们对自己的工作是否抱有热情。

无论什么样的工作，我们都要有当事人的意识。**只要我们以当事人的态度去热情地工作，毫不畏惧地面对困难和失败，无论最终的结果如何，别人都会信赖我们。**然而，实际上大多数人都会瞻前顾后。他们不想失败，也不想冒险，只会与周围的人保持差不多的步调。因此，他们不会全力以赴，也不会果断行动。他们对于被责备太敏感，所以往往在被责备之前就已经退缩了。如果我们能将热情投入工作，哪怕因为果断的行动而受到责备，也不必沮丧，因为那并不是因为我们做了坏事，只是因为我们太有活力了。相反，我们应该尽情享受这种情况。不妨关看问问自己："是不是做得太过了？"

你啊，内心戏超多：停止精神内耗的 65 个习惯

人们最终看重的并不是企划内容或个人能力，而是"这个人可靠吗""他有没有热情"之类的。在工作时，我们都应该为自己是当事人而感到自豪，无论我们在团队中的地位高与低、担任的职务重不重要。日本企业过去长期采用的是年功序列制[①]，但这种制度正在逐渐崩溃。企业也会雇用更多的外国人，那些外国人往往没有"不要引人注目"或"害怕被责备"的心态。企业中每个角色的分工也变得越来越清晰和明确，所以当被问到"你能做什么"时，回答"我将尽力完成分配给我的工作"是行不通的。只有那些能自己创造并展示价值的人才能生存下来。

但是，要怎样才能对自己的工作抱有热情呢？怎样才能激励自己呢？**热情源于对一切事物的好奇心，以及对客户的服务精神**。好奇心能让我们在对工作的探求中找到乐趣，服务精神则能让自己的工作热情超越预期，让客户感到愉悦。特别是在工作

---

① 年功序列制是一些日本企业中的特色职位制度，其基本原则是无论一个员工的能力有多么出色，他的职位都不会超过比他更早来到公司的前辈们。
——译者注

中，没有服务精神是行不通的。工作与兴趣爱好不同，工作不是只让自己满意就行，而是要考虑如何让他人高兴和满意。这取决于你对客户的了解有多深入。

哪怕我们从事的是与客户没有直接接触的综合管理或财务工作，如果能意识到客户们在满心期待着我们的工作成果，我们对工作的参与意识和处理方式也会有极大的改变。在意识到这些后，我们就会主动去思考：是谁因为我们的工作而感到高兴呢？为了让那些人更加开心，我们应该怎么做呢？通过思考这些问题，我们可以推动社会朝着更美好的方向发展。如果能做到这一点，在工作中保持热情也就不难了。

第 10 章

不会老去的5个

成长习惯

第 10 问：

弥太郎先生，我一想到自己的人生从今往后只能这样了，就感到十分凄凉，我应该怎么办呢？

我们无论多少岁都应该相信自己，哪怕只是一点一滴，也要试着去改变自己。只要能不断改变自己，我们的成长就不会停止。

我们在不断地成长，我们想要成长并享受成长的过程。无论在工作中还是生活中，我们都要有意识地去享受自己手头的事情。当我们能享受一件事情时，我们就能增加知识、不断精进自己的能力、在自己所在领域中不断地深入钻研。这种钻研的精神和我们的成长是紧密相关的。你现在在钻研什么吗？可以是烹饪，也可以是你目前的工作。哪怕只是一件小事，只要我们能深入探究，就能不断获得新的启发。只要能不断获得新的启发，无论什么样的事情都能让我们获得享受。

也许称不上是个人成长的策略，但我对于自己的成长也是有一些心得的。**我的成长心得可以总结为"不逃避，不回避，不否定"的三不原则。**也就是说，我不去逃避任何困难，而是勇敢面对它；我不去回避任何自己不擅长的事情，而是接受它的挑战；我不去否定已经发生的事情，而是去接受它。我把这三点视为至关重要。我就是通过这样的方式让自己在压力中不断努力的。虽然我每次都会在坐立不安中渡过难关，但如我之前所说，我在解决困难的过程中获得了快乐。伴随着这些快乐，我在不知不觉中也对事物更加了解，获得了很不错的成长。

人无论年龄多大都能成长。我们时刻拥有改变自己的力量。但是，随着我们的改变，环境和人际关系也不断发生变化，我们不应该对此感到不安和害怕。当你正在成长时，你肯定会感到孤独。然而，当你成长到新的阶段时，你会身处新的环境，也会遇到新的伙伴。无论我们如何成长，世界都会有接纳我们的场所。也许你不想改变，也不想成长，这样的想法往往源于我们无意识地想在同样的环境和群体中生活下去。然而，你真的愿意一生都保持现在这个样子吗？你真的愿意保持一个样子了结一生吗？成长意味着变化，但并不意味着失去。

全神贯注：
全身心投入工作，就能发觉快乐

我们之所以觉得工作很累、很烦，也许是因为我们对工作的投入还不够深。投入意味着约定、责任和关系。也许是因为我们在面对工作时态度冷淡，所以我们才会在工作中感到疲倦。换句话说，如果无法在工作中找到乐趣，我们就会感到疲倦。如果我们能做到全神贯注地工作，那么自然就不会感到疲倦了。因此，当我们无法在工作中找到乐趣时，就应该反省是不是自己的投入程度不够深，是不是还将自己的工作视为别人的事情。要想全神贯注地投入工作，我们必须将工作视为自己的事情，并愿意为之付出时间和精力。

"我现在的工作让我根本无法全神贯注""我工作只是为了赚钱，所以不会感到有压力，但也不会感到激动"，持有这些想法的人应该同时认为"在这个世界上一定存在着能让我全身心投入的工作，只是我还没有找到而已"，但这样的想法不过是一厢情愿罢了。也许这样的说法不中听，但是如果你抱着这样的想法，就说明你已经不愿意去思考，并陷入停滞不前的状态了。**工作中的乐趣并不是别人给予的，而是由我们自己创造和发现的**。我们需要下苦功去发掘乐趣，而不是抱怨自己的环境。哪怕我们的工作不是那么光鲜亮丽，但是只要我们愿意全身心地投入其中，我们必定能从中获得成长，也能得到无可替代的收获。

无论是什么工作，我们都要下定决心，全身心地投入，将其视为自己的事业。这样，你就能沉浸其中。全神贯注地工作是招来好运的最强"魔法"。如果你仍然有雄心壮志，相信着梦想，并追求成为理想的自己，我希望你不断地提醒自己要全神贯注地投入工作。

独立思考：
不要成为只会查阅信息的人

我们在搜索引擎中获得的信息往往是二手或三手的，并且大多数与事实相去甚远。请记住，计算机存储信息的能力和我们人类存储信息的能力简直是天差地别。我们无法处理数量过于庞大的信息，也无法仔细审查和完全理解搜索中跃入眼帘的那些结果。如果我们尝试在搜索时顺藤摸瓜，继续搜索自己没有完全明白的事情，那么最终得到的往往是一团乱麻，让我们在不明所以中离答案越来越远。这样，人们很容易陷入搜索信息的泥沼，最终放弃独立思考，开始过度依赖查阅到的信息。我们要明确自己在利用搜索信息的同时，有哪些环节需要自己思考。在工作中特别需要注意这一点，其原则是"首先独立思考"。

无论多么复杂的事情，我们都应该首先独立思考。如果不明白，再去查阅书籍和资料。然后通过查阅到的线索、通过自己的思考一步一步推导出答案。如果还是无法得出答案，那么试着提出新的问题，并基于这些新的问题展开思考。**这也许会花费不少时间、精力和努力，但在这个过程中获得的经验、知识以及领悟对我们的成长来说都是无价之宝。**为了让自己成为能自主思考的人，请保持"首先独立思考"的习惯。这样的能力一旦退化，要想恢复它就很困难了。

像孩童一样：
让我们越活越年轻

我们在日益成熟的过程中，往往会忘记如何去玩耍。我们可能对各种东西逐渐失去兴趣，做什么事情都开始患得患失，工作上的事情也越来越扰乱我们的心神。不知不觉中，我们已经变得每天为了时间和金钱而苦恼了。

在这一点上，我对前职业棒球选手铃木一郎先生深表敬意。一个了不起的成年人应该就是像他这样的了。铃木一郎先生总是勇于挑战自我，无论做什么事情都能无忧无虑地享受。即使退役了，他也没有变得老态龙钟，更没有自吹自擂。他的眼神总是闪耀着光芒，随着年龄增长竟然能越活越年轻。我们真的应该向他学习。

如果我们能像孩童一样，把工作视为一场游戏，是不是就能

感受到其中的乐趣了呢？我不是说我们应该抱着玩耍和娱乐的心态去工作，而是说我们应该在工作中像玩游戏一样运用我们灵活的思维。如果在工作中我们好不容易想出来的创意和方案被否定甚至被指出问题时，我们是选择沮丧地认为"自己还差得远""一切都完了"，还是像游戏玩家一样充满斗志地研究失败的原因，然后迎接下一个机会呢？

如果我们能像孩童一样，时刻怀着好奇与疑问之心，是不是就能不患得患失，能去发挥自己天马行空的想象力了呢？如果我们能像孩童一样，我们也就能不在意周围人的目光，坦率地说出自己的看法了；我们也就能天真烂漫地快乐、伤心和感动了；我们也就能与他人友好相处，而不会被上下级关系束缚了；我们也就能毫不犹豫地接受任何事情的挑战了；我们也就能相信自己绝对可以做到，不再一味地和别人攀比了。真希望我们能放下自命不凡的傲慢之心，再次变得天真烂漫，然后像天真无邪的孩子一样成长！

做出宣言：
我们说出的话有千钧之力

这一节的标题"做出宣言"并不是让我们必须向世界大声宣告什么，而是提醒我们要用语言坚定地宣告自己的梦想、目标和做出的承诺。这样一来，我们就能激发出语言中的神奇力量，然后让这神奇力量推动我们向前进。也许有人认为这样的宣言只会限制自己，宣言带来的责任会十分沉重。这样的宣言的确会带来压力。

然而，无论什么样的工作都伴随着承诺。当被告知"请在本周内完成这份文件"或"请在一年内取得这样的成果"时，我们回答"好的，明白了"，下达指示的一方才能够掌握局面。就算心中不确定自己是否能做到，这种情况下我们往往也只能硬着头皮答应下来。如果自己不向对方做出任何保证，工作职责只会变得模糊不清，我们也会感到自己只是在被逼着做事。

换句话说，一旦他人要求我们做出承诺，往往意味着需要我们付出不少辛苦的劳动。在做出承诺这件事上，我们最好先发制人。为了让我们的承诺成为事实，大胆地去宣言吧！只要我们进行宣言，我们的话语就会铭刻在脑海里，让我们无法忘记承诺。**尽管宣言会带来压力，但是宣言也会为我们带来动力**。我们会为了兑现承诺，积极地思考如何应对，头脑会变得高度活跃，最终成果的质量也会因此提高。

也许有人会担忧："如果事情不顺利怎么办？""在别人面前说了漂亮话却做不到，难道不会被嘲笑吗？"当然，并不是所有事情都会顺利进行。但是，我们的宣言会让我们尽力而为。周围的人肯定会看到我们的努力，并予以认可，没有人会对失败或未达目标的事情多说什么。即使无法取得预期的成果，我们也可以下一次加倍努力。在组织中工作时，做事情的成功率通常只有三成左右，因为我们会面临各种变化和情况，有些事情仅凭个人力量是无法解决的。很少事情一次就做到满分。但是，无论如何，真正努力过的人会理解我们的努力，这已经足够了。

无论结果如何，我们的宣言行为都会给对方带来巨大的触动，因为敢于做出宣言的人很少见。与我们最终的失败相比，宣言的行为会给对方留下更深刻的记忆。而且，这种方式也能为我们的未来播下重要的种子。如果想要成长，就请主动做出宣言吧！这样一来，我们就能打破自己的极限。

还有一个值得推荐的方法，那就是"毛遂自荐"。

"我想从事软件开发工作""我想成为一名导演""我想担任项目经理"，如果有这类想法，我们就应该积极地说出"让我来试试"。即使我们没有充分的时间来准备也无妨。如果总想积累到经验再动手，那么我们也许永远无法做成自己想做的事情。我至今遇到的那些正在做自己想做的工作的人，没有一个不是通过毛遂自荐获得最初的机会的。**雇主们会毫不犹豫地选择那些主动请缨、有明确愿景的人，而不是那些消极被动、毫无动力的人。**我们不能消极地等待别人来发掘或认可我们。如果只是消极地等待别人引荐自己，机会是不会降临的，我们也无法成为理想的自己。

最后，我们做出的宣言要以什么为根据和支撑呢？那就是对实现愿景和做出成果的具体而清晰的想象，这是关键所在。那么，你现在想做出什么宣言呢？

坚持到底：
时间会解决一切，让我们坚强地等待

无论做什么事情，我们都会在中途产生想放弃的念头。放弃和撤退有时的确是一种重要的策略。在进行投资时，及时止损是避免遭受巨大损失的最好策略。然而，为什么在投资中更重要的秘诀却是长期持有呢？因为通过长期持有，你的投资收益不再是加法，而是复利的乘法。我们通过长期坚持一件事情也能获得长足的成长。坚持的原则不仅适用于人际关系，也适用于我们的工作和日常生活。

每个人都会有想放弃的时候。特别是在工作中被困难和疲倦纠缠时，这样的念头会更加频繁地出现。我们在和他人交往时也会产生想放弃的念头。但是，放弃是我们任何时候都能做出的选择，我们真的现在就要放弃吗？我们说不定只是因为情绪上的波动而产生了想放弃的念头，再三思一下也许会更好。说不定我们可以让事情变好或能对缺陷做出弥补，说不定在未来情况会发生变化。

当然，并不是说放弃工作是不可取的。如果自己想要的机会来临，那就毫不犹豫地转职并投入其中吧。当面对过度压力而感到痛苦时，也是有必要做出放弃的决定的。

有的情况下，比如项目中出现了重大错误以至于无法获得预期成果，做出放弃的决定反而是负责任的表现。虽然真实情况和我们究竟付出了多少努力只有我们自己最清楚，周围的人往往是不知道的；但当你已经拼尽全力，却仍然无法见到希望，最终放弃的时候，周围的人即使不会表达出来，其实也能理解你的苦衷。他们会觉得"这事情确实很难办""你肯定已经尽力了"。

在情绪低落的时候，让我们保持乐观的态度吧。不过度逼迫自己是坚持到底的关键。其实，很多时候我们之所以放弃，只是被自己"想要放弃"的惰性影响了而已。**我们需要多加注意的并**

你啊，内心戏超多：停止精神内耗的 65 个习惯

不是放弃本身，而是一遇到困难就放弃的习惯。这样的习惯会让我们逐渐失去自信。我们还应该学会"顺其自然"。时间是帮助我们解决困难的朋友，哪怕现在有各种各样的困难，但是如果把事情交给时间，很多困难就迎刃而解了。忍耐也会带来好运。被誉为投资之神的沃伦·巴菲特说过："投资回报就是忍耐所带来的回报。"

第 11 章

不断挑战的5个内心

强大的习惯

第 11 问：
弥太郎先生，我总是为我的未来感到不安，
我应该怎样做呢？

可以试着把自己今后 10 年的目标和规划
都写出来，然后从今天开始努力。

无论什么时代，我都能怀抱对未来的希望和热忱。明天一定会变得更好，这是我的信念。我此时此刻所拥有的一切，包括吃饭、工作和思考，都是为了构建一个更好的未来。如果今天的自己发自内心地感觉幸福，那么今天的幸福一定是过去某一时刻的我的功劳，应当感激和赞美过去的自己；而如果今天的自己正在遭受痛苦，那么就要反省过去的自己是不是做错了什么。我们的今天或许只是稀松平常的一天，但正是一个又一个的今天累加在一起，构成了我们的明天。

我们今天思考了什么？

我们今天想到了什么？

我们今天有没有好好吃饭？

我们今天有没有和别人交流？

我们今天有没有变化？

我们今天培养了什么？

我们今天为了什么而感到悲伤？

我们今天为了什么而感到快乐？

我们今天克服了哪些困难？

我们今天承受了哪些苦难？

我们今天有没有感谢别人？

我们今天有没有去爱别人？

我们今天所做的一切都是为了让我们的未来充满希望。我们在今天上交的答卷，肯定会给我们的未来画下浓墨重彩的一笔。

学会舍弃：
知道什么时候足够

　　我们所能拥有的东西是有限的，不仅物质如此，信息、知识和人际关系也是如此。这些无形的东西，我们自己也无法准确知道拥有了多少，它们往往在不知不觉中逐渐增加。人们往往认为，只要拥有更多，自己就更富裕，就比别人更优越。为什么人们拥有的越多就越感到安心呢？你是否已经拥有了过多的东西呢？实际上，大多数东西即使我们不去拥有，也不会对我们的生活造成多大的困扰。就算是有需要这些的时候，我们到时候再去思考如何应对也是足够的。**我们应该去了解自己在各方面能拥有多少东西、自己的上限是什么，这比去拥有更多东西更重要。**

　　这种思考不仅适用于实物，也同样适用于信息。例如我们计划去旅行时，只要去查找，永远可以找到更多的信息。即使只是选择酒店，也会有很多可选项，但在这方面费尽心思地去选择真的不累吗？你是不是也曾陷入"应该还有更好的酒店""旅行计划应该还能更划算"的贪心中，导致自己无论如何都觉得不满足，也感受不到旅行的喜悦和感激之情。

和别人交往同样如此。受社交软件的影响，我们很容易与别人建立联系，但真正彼此信任的关系并不多。我们只是在社交中积累了更多的"点头之交"，彼此之间花费时间做一些肤浅的关心和交流，却无法让彼此的关系变得更深入，以至于有时连共同的回忆都成为一种负担。回忆并不全是美好的，有些回忆也许被忘记会更好。回忆在每次被想起时都会变得更加牢固，我们为什么要一遍一遍加深那些让我们痛苦的回忆呢？

除非我们有意识地告诉自己"忘掉这些吧"，否则我们将永远无法摆脱这些痛苦的回忆。相反，负面情绪会持续翻涌并加深我们的执着。无论实物还是信息，拥有太多都不是好事。就像车辆有载荷限制一样，我们能承受的实物和信息也是有限制的。虽然我们渴望获得更多新的知识，但如果获得了太多的信息，我们就会像一辆超载的汽车一样变得笨拙、迟钝了。如果我们一直超载运行，那么故障和事故迟早会发生。

然而，随着我们每天的生活和工作，无论有形还是无形的东西都会在我们无意识的情况下不断增加。只要我们还活着，就不可能完全阻断这些东西的输入。因此，我们应该时常丢弃可以丢弃的东西，忘记可以忘记的记忆。然后更加珍惜那些有益于他人的东西。

我们每天都应该问一问自己"这个东西真的有必要吗"。丢弃的精神在于清楚地知道自己的需求，然后舍弃那些多余的东西。不要去考虑将来会不会用得上，也不要将丢弃视为失败或损失。"丢弃"的思维方式有助于我们调整心态。这种思维方式的关键在于如何制定该丢弃和该保留的标准。对我来说，唯一无法丢弃的是别人寄给我的信件。因为每一封信件中都蕴含着那些人十分宝贵的心意，所以我十分珍视这些信件。**如果我们拥有的东**

西已经到了我们能承受的极限，那么我们就无法再容纳新的东西了。如果继续强行将更多的东西塞给自己，我们只会更加分不清哪些东西对于我们是重要的。所以，为了接受明天的东西，让我们学会舍弃吧！

你啊，内心戏超多：停止精神内耗的 65 个习惯

时间和金钱：
将时间和金钱用在让自己内心激动的事情上

没有什么概念比"时间和金钱"是我们更熟悉的了。如何与时间和金钱和睦相处是我们人生中的重要课题。金钱本身并没有任何价值，只有使用时它才会产生价值。使用金钱意味着用金钱去进行交换。那么，我们应该用金钱去交换哪些东西呢？毫无疑问，肯定应该去交换那些对我们有价值的东西。如果能用一万日元交换到价值两万日元的东西肯定再好不过了。然而，在这里，差额的大部分是附加值，只有我们把"时间"附加到我们用金钱交换来的东西上时，它们才会创造出价值。

让我们做一个简单的想象。假设你用一万日元买了一本书。你可以匆匆地在三天内就读完这本书，也可以花一个月的时间，仔细地思考并慢慢地品味和阅读。同样是阅读一本书，但是两种选择的价值差异是显而易见的。这说明根据我们利用时间的方式，同一个东西会展现不同的价值。在生活和工作中，不考虑日常花销，我们可以寻找并保持更好的使用金钱的方式，也可以为我们的时间找到更好的使用方式。每个人都会有自己使用时间和金钱的好方式和坏方式。让我们坚持以良好、健康的方式使用时间和金钱，而不是将它们白白挥霍掉。

我使用时间和金钱的方式很简单：我将时间和金钱用在那些让自己感到激动的事情上。**重要的不是遵照自己的欲望去使用它们，而是通过使用它们感受自己内心的激动**。无论对他人来说如何，我都希望将自己的时间和金钱用于让我内心深处感到激动和愉悦的事情上。在这些激动人心的时刻，我可以积累宝贵的经验，也可以学到很多东西，也会拥有许多不可替代的邂逅。我认为，只有为了这些事情使用宝贵的时间和金钱才是值得的。同样出于这个原因，我一直在寻找下一个让我内心激动的事情，为此从不吝惜时间和金钱。

培养自己：
不断地接受新的事物才能保持活力

现在，你在培养什么东西吗？我们的心灵、身体，以及人际关系和事业，就像植物需要浇水一样，都需要我们用心培养。别人无法帮助我们培养这些东西，也不要认为随随便便就能培养好这些东西。只有我们自己才能培养好自己。无论年龄多大，我们都应该继续培养自己。这本是理所当然的事情，但却很容易被我们忽略。**虽然老去是自然的过程，但我们不能主动停止成长**。

人的一生都在成长。因此，我们要像呵护植物一样对待人生，时而给予水和养分，时而为它遮阳，时而修剪掉多余的枝叶。如果完全放任它们生长而不加照顾，它们最后只会荒芜并枯萎。不仅是对自己，对他人和社会也要抱有耐心培养的意识。当我们拥有这种意识时，我们看待事物的方式会改变，我们的心态也会变得宽容。这并不意味着我们应该居高临下地看待事情，更不是对一切都漠不关心，而是应该将一切都视为与自己相关的事情，以近乎关爱的心态去耐心地培养和打理它们。

如果拥有这样的心态，当一个人失误时，我们就不会气愤地觉得"为什么他连这么简单的事情都做不到呢"，而会亲近地对他说"如果你这样做，就肯定能做到的"；我们也不会愤慨地抱怨"为什么会有这么不方便的机制呢"，而会去思考"如果进行这样的改善，机制肯定会变得更好"。

如果发现自己的心灵干涸了，哪怕是更换新的土壤，也要重新去培养它；如果发现别人的心灵干涸了，那么我们就要用"水"和"营养"去滋润他们；如果发现整个社会的心灵都在干涸，那么我们就应该积极思考如何改善现状。让我们用心地去观察周围的事情，然后耐心地去培养和打理它们吧。

现在再问一次：现在，你在培养什么东西吗？

你啊，内心戏超多：停止精神内耗的 65 个习惯

愿景：
有愿景，才明白自己在为了什么而努力

虽然"愿景"这个词听起来有些夸张，但我认为思考自己的生活理念是非常重要的。"理念"也许听起来比较宏大和复杂，我们也可以把它称作"方针"或"观念"。简单来说，它回答了关于我们为什么要生活的问题。只要能回答这个问题，我们在面临困难时就能获得依靠。人生中充满困难，我们有时难免会产生迷茫。为了应对这些困难和迷茫，拥有自己的愿景是很重要的。

思考自己的愿景是非常有意义的。这不仅是对自己的审视，也是对自己价值观的检验。换句话说，这是直面自己最重要的事情进行思考的过程。我喜爱的一首歌中有这样一段歌词："为了父亲，哎嘿呀；为了母亲，哎嘿呀；再来一个，哎嘿呀！"其中就蕴含了为了家庭的安宁和繁荣而努力的愿景。

有人认为金钱很重要，也有人认为家庭很重要，还有人认为

让世界变得更美好很重要。这些都是每个人各自的愿景，并没有什么优劣之分。此外，愿景将会且也应该随着我们年龄的增长而改变。我们过去可能怀有某种愿景，从现在开始却要怀抱另一种愿景。如果可能的话，我们最好每年都确认一次我们的愿景，加以思考并付诸行动。如果我们的工作或居住地改变了，我们的愿景也会随之改变。当家庭成员增加时，我们的愿景可能也会改变。曾经认为"工作优先"的人随着年龄的增长，可能会认为"健康最重要"。**愿景是我们的护身符。就像每年更换护身符一样，让我们也不断更新我们的愿景吧。**

相信自己：
只有自己才能拯救自己

在我们经历让自己失去自信的事情后，怎样才能让自己重新振作起来呢？"坚定不移地相信自己"会成为我们最强大的力量。我们对自己的相信能拯救自己，除此之外没有拯救自己的办法。即使周围的每个人都说"你不行"，只要我们不认为自己是失败者，相信自己绝对能做到，我们就能克服困难。

我二三十岁的时候曾经毫无缘由地盲目自信。后来，这个问题随着时间的推移自然而然地得到了解决。如今我已不再像年轻时那样天真，对自己的能力也有了更深的认识。现在想起来，那时候我对自己并不了解，也没有能力对自己做出深入的分析，想来也没有吃到太多苦头。但正因如此，后来当我遭遇自己感到无力的事情而深陷失去自信的深渊时，我感觉自己被彻底击垮了。

从挫败感的深渊中走出，重新获得自信，这并不是一件简单的事情。重新获得自信需要花费很长时间。当然，在这期间工作、社交之类的日常生活也依然会继续。然而，闪回的记忆会在某个瞬间捕捉到我们，在我们的脑海中继续种植"我已经不行了"的想法。这是非常痛苦的经历和过程。尽管如此，我们也不能放弃自己。即使被逼到极限，也要坚守"相信自己"这个最后的堡垒，也要相信自己一定还有办法。

然后我们要怎样重拾自信呢？我们应当寻找让自己振作起来的某些话语。去寻找那些一旦想到，就能迅速转变自己消极情绪的话。这些话不是别人说的话，也不是书中的话，而必须是我们自己心中涌现的话，否则很难触动我们的心灵。当时，使我重新振作起来的一句话是"无论发生什么，一切都会变好"。这句话是我在洗澡时突然想到的。在找到这句话的一瞬间，我的心情终于发生了转变。

"已经一切安好了""不需要去在意了""重新相信自己吧""无论发生什么都能解决的"，这些话恐怕是那时候的我最渴望的。

重要的是，这些话都是从我内心涌现的。在接下来的两三个月里，尽管我再次被"我已经不行了"的想法捕获，但我一直坚持相信自己，并不断做出努力。没有比这些话更能促使我努力的力量了。另一个时刻，我想到了"我为什么不试试新的东西呢"。当我想到这句话时，我重新获得了力量。渐渐地，"那只是一次失败而已""我已经尽力了""继续前进吧"等一些话开始激励我继续前进了。

不需要多么精妙的语句，也不需要使用时髦的词汇，仅仅是这几句简单的话语，就蕴含着拯救我们的力量。我将自己想到的那些话放在我的心灵口袋里，时不时地取出来确认。在这样一次又一次地度过心灵危机的过程中，我深刻地认识到人类是被语言保护的。语言有时会伤害人，但也能使人重新振作起来。即使遭遇了严重的失败，即使身心破碎，即使身处风口浪尖，只要坚信自己，不放弃自己，就能再次振作起来。"相信自己"是最强大的力量。让我们始终坚定地相信自己吧！只要相信自己，我们肯定能找到答案。